HarmonyOS
IoT 设备开发实战

江苏润和软件股份有限公司　著

电子工业出版社
Publishing House of Electronics Industry
北京·BEIJING

内 容 简 介

本书主要介绍如何使用 HarmonyOS 开发物联网设备端软件，具体包括外设控制、网络编程、物联网平台接入等。本书的实例程序均在 HiSpark Wi-Fi IoT 开发套件上进行测试和演示，部分章节内容也适用于其他支持 HarmonyOS 的物联网设备。

本书共 8 章，分为 4 篇，即环境准备篇、外设控制篇、传输协议篇、物联网应用篇。环境准备篇包含第 1 章，主要内容为如何搭建 HarmonyOS 开发环境。外设控制篇包含第 2 章～第 4 章，主要内容为如何使用 HarmonyOS 控制外设。传输协议篇包含第 5 章和第 6 章，主要内容为如何使用 HarmonyOS 控制 Wi-Fi，以及如何使用 HarmonyOS 进行网络编程。物联网应用篇包含第 7 章和第 8 章。通过学习第 7 章，读者能够对内核对象有比较深刻的理解。第 8 章的主要内容包括如何集成 MQTT 客户端 SDK，以及如何开发一个物联网应用。

本书适合物联网设备开发、测试工程师阅读，也适合开设相关课程的院校师生阅读，还适合对 HarmonyOS 生态未来发展趋势感兴趣的推动者、从业者和潜在的生态建设参与者阅读。

图书在版编目（CIP）数据

HarmonyOS IoT 设备开发实战 / 江苏润和软件股份有限公司著. —北京：电子工业出版社，2021.6
ISBN 978-7-121-41175-5

Ⅰ. ①H… Ⅱ. ①江… Ⅲ. ①物联网—研究 Ⅳ. ①TP393.4②TP18

中国版本图书馆 CIP 数据核字（2021）第 090472 号

责任编辑：石　悦
印　　刷：天津千鹤文化传播有限公司
装　　订：天津千鹤文化传播有限公司
出版发行：电子工业出版社
　　　　　北京市海淀区万寿路 173 信箱　　　　　邮编：100036
开　　本：720×1000　　1/16　　印张：15.25　　字数：282 千字
版　　次：2021 年 6 月第 1 版
印　　次：2021 年 6 月第 2 次印刷
定　　价：79.00 元

凡所购买电子工业出版社图书有缺损问题，请向购买书店调换。若书店售缺，请与本社发行部联系，联系及邮购电话：（010）88254888，88258888。

质量投诉请发邮件至 zlts@phei.com.cn，盗版侵权举报请发邮件至 dbqq@phei.com.cn。

本书咨询联系方式：（010）51260888-819，faq@phei.com.cn。

为什么要写这本书

本书的书名为《HarmonyOS IoT 设备开发实战》，包含了两个重要名词——IoT（物联网）和 HarmonyOS。物联网，顾名思义，就是物物相连的互联网。这里包含两层意思：第一，物联网的核心和基础仍然是互联网，物联网是在互联网基础上延伸和扩展的网络；第二，其客户端延伸和扩展到了物品与物品之间，进行信息交换和通信，也就是物物相关。

1999 年在中国诞生的传感网，作为物联网的雏形，距今已有 22 年。在这 22 年里，中国的物联网获得了长足的发展，尤其是近几年，随着《物联网"十二五"发展规划》等提出，物联网已经成为国家层面的技术及产业创新的重点方向。

据统计，2020 年全球物联网连接数量达到 126 亿个，人均持有智能设备达到 6.58 个。预计到 2025 年，全球物联网连接数量达到 251 亿个，人均持有的智能设备达到 9.27 个。在万物互联的全场景智慧时代，如何管理好如此海量的连接？HarmonyOS 应运而生。

HarmonyOS 是一款面向未来、面向全场景（移动办公、运动健康、社交通信、媒体娱乐等）的分布式操作系统。在传统的单设备系统能力的基础上，HarmonyOS 提出了基于同一套系统能力、适配多种终端形态的分布式理念，能够支持多种终端设备。

对于消费者而言，HarmonyOS 能够将生活场景中的各类终端进行能力整合，可以实现不同的终端设备之间快速连接、能力互助、资源共享，匹配合适的设备，提供流畅的全场景体验。对于应用开发者而言，HarmonyOS 采用了多种分布式技术，使得应用程序的开发实现与不同终端设备的形态差异无关，这能够让开发者聚焦上层业务逻辑，更加便捷、高效地开发应用。对于设备开发者而言，HarmonyOS 采用了组件化的设计方案，可以根据设备的资源能力和业务特征进行灵活裁剪，满足不同形态的终端设备对操作系统的要求。

今天，物联网和 HarmonyOS 的结合，向全球的终端用户和开发者展现出了蓬勃生机和活力，我们期待更多的读者学习物联网技术，投身到物联网产业和 HarmonyOS 生态中来，与 HarmonyOS 一起不断前进和成长，共建开放、共赢的生态大厦。

本书特色

本书是第一本系统介绍 HarmonyOS 南向设备开发的书籍，可以让开发者学习 HarmonyOS，学习物联网设备开发，为打造优质物联网应用奠定基础。

本书的案例基于上海海思技术有限公司领先的智慧 IoT 芯片实现。海思是全球领先的 Fabless 半导体与器件设计公司，致力于为千行百业客户提供智能家庭、智慧城市及智能出行等泛智能终端芯片解决方案。

本书的作者具有深厚的开发功底和多年一线开发经验；本书的内容深入浅出，系统全面，代码实例翔实。

读者对象

- 物联网设备开发、测试工程师。

- 开设相关课程的院校师生。

- 对 HarmonyOS 生态未来发展趋势感兴趣的推动者、从业者和潜在的生态建设参与者。

如何阅读本书

本书主要介绍如何使用 HarmonyOS 开发物联网设备端软件，具体包括外设控制、网络编程、物联网平台接入等。本书的实例程序均在 HiSpark Wi-Fi IoT 开发套件上进行测试和演示，部分章节的内容也适用于其他支持 HarmonyOS 的物联网设备。

本书共 8 章，分为 4 篇，即环境准备篇、外设控制篇、传输协议篇、物联网应用篇。

环境准备篇包含第 1 章，是开发实践的基础，主要内容为如何搭建 HarmonyOS 开发环境，由许思维撰写。

外设控制篇包含第 2 章～第 4 章，主要内容为如何使用 HarmonyOS 控制外设。第 2 章介绍如何使用 HarmonyOS 控制 I/O 设备，如 LED 灯，由许思维撰写。第 3 章介绍如何使用 HarmonyOS 感知环境状态、获取环境温度、读取可燃气体的 ADC 值等信息，由蔡旭、屈博、姜年橹撰写。第 4 章介绍如何使用 HarmonyOS 控制 OLED 显示屏，由冯宝鹏撰写。

传输协议篇包含第 5 章和第 6 章，主要内容为如何使用 HarmonyOS 控制 Wi-Fi，以及如何使用 HarmonyOS 进行网络编程。从这里开始，读者将进入网络世界，获得和外界沟通的能力。第 5 章由程劲松撰写，第 6 章由王高浩撰写。

物联网应用篇包含第 7 章和第 8 章。第 7 章比较独立，由沈峰撰写。通过学习第 7 章，读者能够对内核对象有比较深刻的理解。第 8 章的主要内容包括如何集成 MQTT 客户端 SDK，以及如何开发一个物联网应用，由丁成杰撰写。通过学习物联网应用篇，读者能够开发自己的应用。

致谢

本书由江苏润和软件股份有限公司主导编写，作者均为江苏润和软件股份有限公司技术人员，在此感谢各位作者的辛勤付出。

在本书编写期间，华为技术有限公司与上海海思技术有限公司的领导和专家给予了诸多的指导、支持，在此表示衷心的感谢。

在本书后期的整理和内容统筹过程中，江苏润和软件股份有限公司副总裁刘洋及其团队成员（关堃、石磊、丽娜等同事）对书稿的审核和修订做出了贡献，在此一并致谢。

在 51CTO 鸿蒙技术社区总编王文文与电子工业出版社石悦编辑的热情推动下，我们最终达成了与电子工业出版社的合作。石悦编辑在审稿过程中专业、耐心、细致，对书稿的修改和完善起到了重要作用。在此感谢石悦编辑对本书的重视，以及为本书出版所做的一切。

由于作者水平有限，撰写时间仓促，书中不足之处在所难免。同时，由于物联网和 HarmonyOS 的发展演进、技术架构不断完善，新的应用场景层出不穷，本书难免有所遗漏，敬请专家和读者批评指正。

本书中涉及一些网址和工具包的下载链接，读者可扫描封底二维码查看。

江苏润和软件股份有限公司

《HarmonyOS IoT 设备开发实战》编写团队

2021 年 4 月于南京

目 录

CONTENTS

外设控制篇

传输协议篇

环境准备篇

第 1 章

搭建 HarmonyOS 开发环境

本书主要介绍的是如何开发基于 HarmonyOS 的物联网（IoT）设备软件。这些设备上的系统资源通常非常有限，它们的存储器容量较小、CPU 运算速度不快。在为这些设备开发软件的过程中，我们一般在个人计算机或服务器上进行设备软件设计、编码和编译等开发工作。编译完成后，我们再通过专门的软件将编译生成的二进制文件下载或烧录到设备的存储器中。

因此，我们通常会使用多套硬件设备和多个相关软件进行 IoT 设备开发。对于缺乏相关经验的初学者而言，多个硬件之间如何连接、各个软件如何操作和使用，可能会令他们感到迷茫和困惑。

在正式开始设备软件开发前，我们需要先搭建好开发环境，包括具体的硬件设备配置和相关软件安装。本章将介绍如何搭建 HarmonyOS IoT 设备开发所需的开发环境。

1.1 海思Hi3861芯片简介

Hi3861V100（简称为 Hi3861）是由上海海思技术有限公司（简称为海思）设计和生产的一款 2.4GHz Wi-Fi SoC 芯片，该芯片内部集成了 IEEE 802.11b/g/n 基带和射频（Radio Frequency，RF）电路。Hi3861 芯片集成了 32 位高能效 RISC-V 指令集架构 CPU，内置了 SPI、I2C、UART、GPIO、ADC 等多种外设接口支持。由于 Hi3861 芯片同时支持常用的外设控制接口和 2.4GHz Wi-Fi，使用该芯片可以简单、快速、低成本地实现设备控制和网络连接功能，因此可将它用在智能家居、智能穿戴等应用领域。

Hi3861 芯片的关键特性如下：

（1）32 位高能效 RISC-V 指令集架构 CPU，最大工作频率为 160MHz。

（2）内置存储：352KB SRAM，2MB Flash。

（3）多种外设接口支持：

① 15 个通用输入/输出（General Purpose Input/Output，GPIO）接口。

② 7 路模数转换器（Analog to Digital Converter，ADC）输入。

③ 6 路脉宽调制（Pulse Width Modulation，PWM）输出。

④ 3 个通用异步收发器（Universal Asynchronous Receiver and Transmitter，UART）接口。

⑤ 2 个串行外设接口（Synchronous Peripheral Interface，SPI）。

⑥ 2 个内部集成电路（The Inter Integrated Circuit，I2C）接口。

⑦ 1 个内部集成电路音频（Inter-IC Sound，I2S）接口。

⑧ 1 个安全数字输入输出（Secure Digital Input/Output，SDIO）从机接口。

更多的 Hi3861 芯片的关键特性信息，可以通过海思官网的相关页面查看，如图 1-1 所示。

图 1-1

1.2 Wi-Fi IoT开发套件简介

本书中的所有实例代码均是基于 HiSpark Wi-Fi IoT 智能家居开发套件（简称为 Wi-Fi IoT 开发套件）编写的，本节将介绍整个套件包含哪些模块。

Wi-Fi IoT 开发套件包含一个核心板、一个底板和几个功能不同的扩展板。扩展板有以下几个：

（1）交通灯板。

（2）炫彩灯板。

（3）环境检测板。

（4）OLED 显示屏板。

（5）NFC 扩展板。

各个扩展板分别包含哪些主要元器件，以及各个元器件的功能将在随后的篇幅中介绍。

1.2.1 核心板简介

核心板主要包含以下部件：

（1）Hi3861 模组。

（2）CH340 USB 转串口芯片。

（3）USB Type-C 接口。

（4）复位按键。

（5）可编程按键。

（6）可编程 LED 灯。

（7）三个跳线帽。

Hi3861 模组内部封装了主控芯片 Hi3861 及相关的一些外围器件（如晶振、电容、电阻等）。Hi3861 芯片内集成了 Flash、CPU、SRAM，同时内置了 Wi-Fi 功能（具体参数参考 1.1 节）。其中，Flash 用于存放二进制文件代码和配置参数等静态数据，CPU 用于执行程序，SRAM 用于保存程序运行时的数据。Hi3861 芯片的 Wi-Fi 功能，为应用程序提供了网络连接的能力。

CH340 USB 转串口芯片连接了主控芯片 UART 接口和核心板 USB Type-C 接口，实现了主控芯片 UART 接口和核心板 USB Type-C 接口之间的信号转换，进而实现了串口调试功能。

复位按键用于触发主控芯片的 CPU 硬件复位，实现程序重新开始执行。

可编程按键和可编程 LED 灯都是用户程序可以控制的，可编程按键的标号为 USER，可用于程序的按键输入。可编程 LED 灯的标号为 LED1，可用于显示程序的运行时状态。

在三个跳线帽中，两个并列的跳线帽用于连接主控芯片和串口芯片，一个独立的跳线帽用于连接主控芯片和可编程 LED 灯。拔掉两个并列的跳线帽后，主控芯片 UART 接口和 CH340 USB 转串口芯片之间的连接将会断开，此时主控芯片的 UART 接口的 TX 和 RX 引脚将会空出，可以用于连接其他外设，实现更多的扩展功能。与之类似，拔掉一个独立的跳线帽后，主控芯片和可编程 LED 灯之间的连接将会断开。

核心板的外观如图 1-2 所示。

图 1-2

1.2.2 底板简介

底板上包含了 2 个纵向排针插座、4 个横向排针插座和 4 个横向排针。2 个纵向排针插座用于插入核心板，4 个横向排针插座用于插入其他扩展板，4 个横向排针用于连接其他扩展外设。底板左下角包含了电池插座和供电切换开关，可用于电池供电。在通常情况下，在程序开发和调试阶段，可以使用 USB 线向主板供电。在程序调试完成后，可以使用电池供电或通过 USB 线连接移动电源进行供电。

底板的外观如图 1-3 所示。

图 1-3

1.2.3　交通灯板简介

交通灯板主要包含以下五个部件：

（1）红色 LED 灯。

（2）黄色 LED 灯。

（3）绿色 LED 灯。

（4）按键。

（5）蜂鸣器。

交通灯板上的五个主要部件都是可编程的。例如，用程序控制 LED 灯亮、灭和亮度，控制蜂鸣器发声，检测按键是否被按下等。交通灯板的外观如图 1-4 所示。

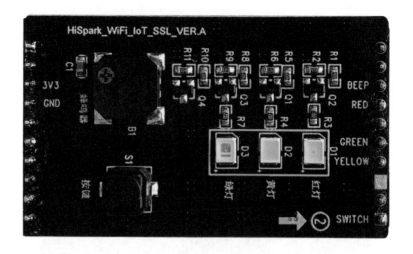

图 1-4

1.2.4 炫彩灯板简介

炫彩灯板主要包含以下部件：

（1）三色 LED 灯。

（2）光敏电阻。

（3）人体红外传感器。

三色 LED 灯内部封装了红、绿、蓝三种颜色的三个小 LED 灯。应用程序分别控制三种颜色的 LED 灯的状态和亮度，可以显示不同的颜色。

光敏电阻不同于定值电阻，它的电阻值在不同的光照强度下会发生变化。利用光敏电阻的这一特性，再结合其他元器件，应用程序可以实现对外部环境光照强度的感知。

人体红外传感器内部集成了比较器，能够感应到人体的移动。应用程序通过它可以感知是否有人员靠近。

炫彩灯板的外观如图 1-5 所示。

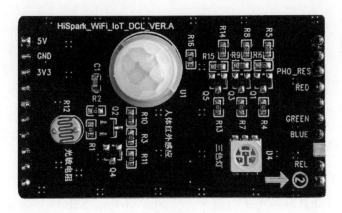

图 1-5

1.2.5　环境检测板简介

环境检测板主要包含以下部件：

（1）AHT20 数字温湿度传感器。

（2）MQ-2 可燃气体传感器。

（3）蜂鸣器。

环境检测板搭载了两个传感器，其中 AHT20 数字温湿度传感器可以用于感知环境的温度和相对湿度，MQ-2 可燃气体传感器可以用于检测烟雾和可燃气体。蜂鸣器可以用于发出报警声。环境检测板的外观如图 1-6 所示。

图 1-6

1.2.6 OLED 显示屏板简介

OLED 显示屏板主要包含以下部件：

（1）0.96 寸 OLED 显示屏[①]。

（2）SSD1306 显示屏驱动芯片。

（3）两个用户按键。

0.96 寸 OLED 显示屏的分辨率为 128px×64px。SSD1306 显示屏驱动芯片采用 I2C 接口对外连接。

通过此扩展板，可以显示文字和图形，用于实现简单的图形用户页面显示和交互。OLED 显示屏板的外观如图 1-7 所示。

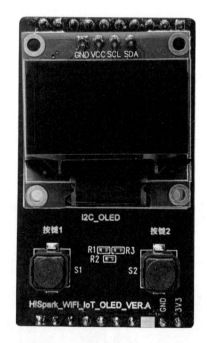

图 1-7

---

① 本书中的"寸"指的是英寸。

1.2.7　NFC **扩展板简介**

NFC 扩展板主要包含以下部件：

（1）FM11C08I NFC 芯片。

（2）两位拨码开关。

（3）印制电路 NFC 线圈。

印制电路 NFC 线圈用于接收 NFC 信号。FM11C08I NFC 芯片用于编码和解码 NFC 信号，以及与主控芯片通信。两位拨码开关用于功能选择。NFC 扩展板的外观如图 1-8 所示。

图 1-8

1.3　准备HarmonyOS开发环境

在开始 HarmonyOS 开发前，需要准备一些硬件和相应的软件。本节将介绍 HarmonyOS 开发需要的硬件和软件。

1.3.1 开发环境简介

基于 Wi-Fi IoT 开发套件的典型的 HarmonyOS 开发环境如图 1-9 所示。

图 1-9

（1）Linux 编译服务器，主要用于源代码的编译，可以是物理机器，也可以是虚拟机（在虚拟机中安装 Ubuntu 20.04 系统，请参考附录 B）。

（2）Windows 主机，主要用于代码编辑和二进制文件烧录。它和 Linux 编译服务器之间可以通过网线直连，如图 1-9 所示，也可以连接在同一个路由器上，如图 1-10 所示。

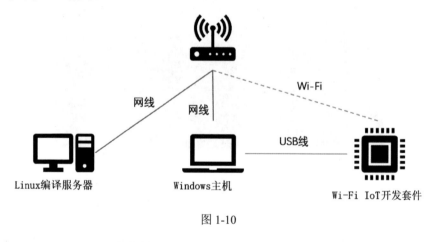

图 1-10

（3）Wi-Fi IoT 开发套件，它和 Windows 主机之间通常通过 USB 线连接。

1.3.2 硬件准备

搭建 HarmonyOS 开发环境所需的硬件设备如下。

（1）一套 HiSpark Wi-Fi IoT 智能家居开发套件：本书的所有实例代码均

基于该开发套件编写，建议你在开始后续章节的学习前准备好一套该开发套件。

（2）一台个人计算机：你需要一台个人计算机（台式机或笔记本均可）进行源代码编辑、编译，将编译生成的二进制文件烧录到开发板上，并进行调试、测试等工作。你的个人计算机最好是 Windows 系统的，因为目前的 HarmonyOS 烧录工具在 Linux 系统或 macOS 上无法直接运行。如果你的个人计算机是 Linux 系统或 macOS 的，那么需要借助 Wine 或 CrossRover 等工具，才能运行烧录工具。

（3）一台编译服务器（可选）：编译服务器主要用于 HarmonyOS 代码的下载和编译。你如果有闲置的个人计算机或服务器，那么可以使用它作为编译服务器。你如果没有闲置的个人计算机或服务器，那么可以使用虚拟机软件（如 VirtualBox、VMware 等）在已有的个人计算机上创建一个虚拟机，将该虚拟机作为编译服务器，1.4 节将会介绍如何搭建编译环境。

（4）一个无线路由器：你需要通过一个无线路由器，将你的个人计算机和编译服务器连接到一个局域网中。另外，对于第 5 章之后的大部分实验内容来说，需要将开发套件连接到一个无线接入点（Access Point）上。因此，你需要有一个支持 IEEE 802.11 b/g/n 标准网络的路由器。如果你的个人计算机和编译服务器没有无线网卡，那么该路由器需要具有至少两个局域网以太网口。

（5）一个可以访问互联网的有线网络：你的编译服务器需要通过互联网下载 HarmonyOS 源代码，你也需要通过个人计算机访问 HarmonyOS 开发者网站查阅官方文档。另外，对于第 8 章的实验内容，开发套件也需要访问互联网。这些都需要有一个可以访问互联网的有线网络，并且该网络已正确连接在无线路由器上。

1.3.3　软件准备

搭建 HarmonyOS 开发环境所需的软件如下。

（1）**Ubuntu** 光盘镜像：Ubuntu 是一个用户群体较为广泛的 Linux 发行版，每年会发行两个版本，每两年会发行一个长期支持（LTS）版本。推荐下载最新的 LTS 版本，例如当前的最新 LTS 版本——20.04 LTS，下载桌面版或服务器版均可。桌面版具有图形用户页面，同时支持命令行操作，对初学者更友好；服务器版没有图形用户页面，只支持命令行操作，对硬件资源要求更低，但操作相对于桌面版更加复杂。你可以根据自己对 Ubuntu 的熟悉程度，从 Ubuntu 官网的下载页面中选择所需的版本进行下载。

（2）**Visual Studio Code 代码编辑器**：一个功能丰富的代码编辑器，以下简称为 VS Code 编辑器。VS Code 编辑器支持多种编程语言，同时提供了众多插件用于支持各种代码编辑、调试等功能。在后续的章节中，我们都将通过它编辑代码。你可以通过 VS Code 官网下载最新版本的 VS Code 安装包。

（3）**HUAWEI DevEco Device Tool**：用于将编译好的二进制文件烧录到开发板上，同时具有串口调试等功能。它本身是一个 VS Code 插件，需要以插件的形式安装到 VS Code 编辑器中。在后续的章节中，我们将通过它烧录二进制文件，进行串口调试。你可以通过 HarmonyOS 设备开发网站下载此插件的最新版本。

（4）**CH340 USB 转串口芯片驱动软件**：CH340 USB 转串口芯片（简称为 CH340 芯片）是由南京沁恒微电子有限公司设计的一款 USB 转串口芯片。Wi-Fi IoT 开发套件的核心板上集成了 CH340 芯片，用于将 Hi3861 芯片的 UART 接口转接到标准 USB 接口上。Windows 系统需要安装 CH340 芯片的驱动软件后，才能将该芯片识别为串口设备。该芯片被 Windows 系统识别为串口设备后，串口调试软件才能够通过 USB 接口和 Hi3861 芯片通信。你可以通过南京沁恒微电子有限公司官网的 CH340 芯片的产品页面下载 CH340 芯片的驱动软件包。

（5）**PuTTY**：一个简洁易用的超级终端，支持 SSH、Telnet 等远程登录协议，同时也支持串口调试。你可以通过 PuTTY 项目首页下载最新版本的 PuTTY 安装包。

1.4 搭建HarmonyOS 编译环境

本节将介绍如何在编译服务器的 Ubuntu 20.04 系统上搭建 HarmonyOS 的编译环境，具体包括安装编译环境依赖的软件包，以及下载、安装编译和构建工具。

在开始搭建编译环境之前，你需要先在编译服务器上安装 Ubuntu 20.04 系统。关于如何在虚拟机中安装 Ubuntu 20.04 系统，请参考附录 B。在物理机器上安装 Ubuntu 20.04 系统的过程和在虚拟机中安装的过程类似，可以通过互联网查找安装指南。

1.4.1　安装编译环境依赖的软件包

在 Ubuntu 20.04 系统上搭建 HarmonyOS 编译环境之前，需要先安装编译环境依赖的软件包。安装编译环境依赖的软件包的具体操作步骤如下。

（1）在 Ubuntu 启动栏中搜索 Terminal，或同时按下 Alt+Ctrl+T 组合键，打开终端窗口。

（2）执行 sudo apt install python3-pip 命令，安装 Python 包管理工具。在 Python 包管理工具安装成功后，即可使用 Python 包管理工具安装其他 Python 软件包。

（3）执行 pip3 install scons 命令，安装 scons 软件包。scons 软件包主要用于 Hi3861 SDK 的编译和构建。

（4）执行 pip3 install kconfiglib 命令，安装 kconfiglib 软件包。kconfiglib 软件包主要用于根据 Kconfig 配置文件生成 Makefile 代码段和头文件。

（5）执行 pip3 install pycryptodome ecdsa 命令，安装 pycryptodome 和 ecdsa 软件包。这两个软件包用于对编译生成的二进制文件进行签名。

（6）执行 echo 'export PATH=~/.local/bin:$PATH' | tee-a~/.bashrc 命令，向 ~/.bashrc 文件添加一行配置，用于将 pip 包二进制文件所在的目录添加到 PATH 环境变量中（在下一次打开终端窗口时自动生效）。

1.4.2　下载编译和构建工具

在进行 HarmonyOS 开发之前，需要先从 HarmonyOS 设备开发网站上下载适用于 Hi3861 芯片的编译和构建工具，具体包括以下几个工具。

（1）交叉编译工具包，用于在 Linux 系统上编译出 Hi3861 平台的二进制代码。

（2）gn 软件包，用于根据 BUILD.gn 文件生成 ninja 编译脚本。

（3）ninja 软件包，用于执行 ninja 编译脚本、运行编译命令生成目标二进制文件。

1.4.3 安装编译和构建工具

1. 安装交叉编译工具

假设你已将交叉编译工具包下载到了本地~/Downloads 目录下。安装 Hi3861 交叉编译工具的具体操作步骤如下。

（1）在 Ubuntu 启动栏中搜索 Terminal，或同时按下 Alt+Ctrl+T 组合键，打开终端窗口。

（2）执行 tar-xvf ~/Downloads/gcc_riscv32-linux-7.3.0. tar.gz-C ~/命令，解压交叉编译工具包。

（3）执行 echo 'export PATH=~/gcc_riscv32/bin:$PATH' | tee-a ~/.bashrc 命令，向~/.bashrc 文件添加一行配置语句，用于将交叉编译工具包中的二进制文件所在的目录添加到 PATH 环境变量中。

2. 安装构建工具

构建工具包括 gn 软件包和 ninja 软件包。假设你已将 gn 软件包和 ninja 软件包下载到了本地~/Downloads 目录下。安装 Hi3861 构建工具的操作步骤如下。

（1）在 Ubuntu 启动栏中搜索 Terminal，或同时按下 Alt+Ctrl+T 组合键，打开终端窗口。

（2）执行 tar-xvf ~/Downloads/gn.1523.tar-C ~/命令，解压 gn 软件包。

（3）执行 tar-xvf ~/Downloads/ninja.1.9.0.tar-C ~/命令，解压 ninja 软件包。

（4）执行 echo 'export PATH=~/gn:~/ninja:$PATH' | tee-a ~/.bashrc 命令，向~/.bashrc 文件添加一行配置语句，用于将 gn 和 ninja 二进制文件所在的目录添加到 PATH 环境变量中。

1.4.4　安装 Samba 服务

由于 HarmonyOS 源代码编译需要在 Linux 编译服务器上进行，HarmonyOS 的源代码也需要存储在 Linux 编译服务器上。为了方便在 Windows 主机上编辑代码，我们需要在 Linux 编译服务器的 Ubuntu 20.04 系统上安装 Samba 服务。借助于 Samba 服务，通过网络共享 OpenHarmony 目录，可以实现在 Windows 主机上编辑 Linux 编译服务器上的代码。在 Ubuntu 20.04 系统上安装 Samba 服务的具体操作步骤如下。

（1）执行 sudo apt install samba 命令，安装 Samba 服务。

（2）执行 sudo gedit/etc/samba/smb.conf 命令，打开并修改 Samba 配置文件 /etc/samba/smb.conf，向文件末尾追加以下内容：

```
[home]
comment = User Homes
path = /home
guest ok = no
writable = yes
browsable = yes
create mask = 0755
directory mask = 0755
```

注：可以通过执行 man smb.conf 命令查阅帮助手册了解 Samba 配置文件的具体说明。

（3）执行 sudo smbpasswd-a user 命令，创建 Samba 用户，其中 user 为新建的用户名。在该命令被执行后，终端会输出"New SMB password:"提示输入密码。在输入密码并按回车键后，终端会输出"Retype new SMB password:"提示确认密码，再次输入同样的密码并按回车键后，终端输出"Added user user."表示 Samba 用户添加完成。建议使用登录 Ubuntu 系统的用户名作为 Samba 用户名，便于记忆，当然也可以设置不同于登录 Ubuntu 系统的用户名和密码。

（4）执行 sudo service smbd restart 命令，重启 Samba 服务。

1.5 下载和编译HarmonyOS源代码

本节将介绍如何下载 HarmonyOS 源代码,以及如何在 Linux 编译服务器上将 HarmonyOS 源代码编译为 Hi3861 芯片的二进制文件。

HarmonyOS 设备开发网站提供了多种源代码获取方式。本节介绍的是"从镜像站点下载压缩文件"的方式。

OpenHarmony 是 HarmonyOS 的开放源代码项目,因此本书对 HarmonyOS 源代码的相关描述部分有时会使用 OpenHarmony。由于 HarmonyOS 和 OpenHarmony 都在不断迭代演进,应用程序编程接口(API)可能会发生变更。本书所有内容均基于 OpenHarmony 1.0 版本编写。若读者想了解最新版本的 OpenHarmony API 和相关的源代码,则可以从 HarmonyOS 官网下载最新版本代码了解相关情况。

1.5.1 获取 HarmonyOS 源代码

获取 HarmonyOS 源代码有多种方式,每种方式的具体操作流程可以参考 HarmonyOS 设备开发网站的"开始"→"获取源代码"页面。推荐使用"从镜像站点下载压缩文件"的方式,这种方式的操作相对简单,对初学者相对友好。你也可以根据自己的实际情况选择不同的下载方式。

假设你已经将代码压缩包文件下载到本地~/Downloads 目录下,文件名为 code-1.0.tar.gz。其中,文件名中的 1.0 是 OpenHarmony 的版本号,具体下载的版本可能不同,但内容差异不大。

源代码压缩包下载完成后,按照以下操作步骤将源代码压缩包解压。

(1)执行 mkdir ~/openharmony 命令,创建用于存放源代码的目录。

(2)执行 tar-xf ~/Download/code-1.0.tar.gz-C ~/openharmony/命令,将压缩包解压到~/openharmony 目录中。

1.5.2　HarmonyOS 源代码目录简介

源代码压缩包解压成功后，可以使用 ls 命令查看源代码顶层目录下的文件和目录，如图 1-11 所示。

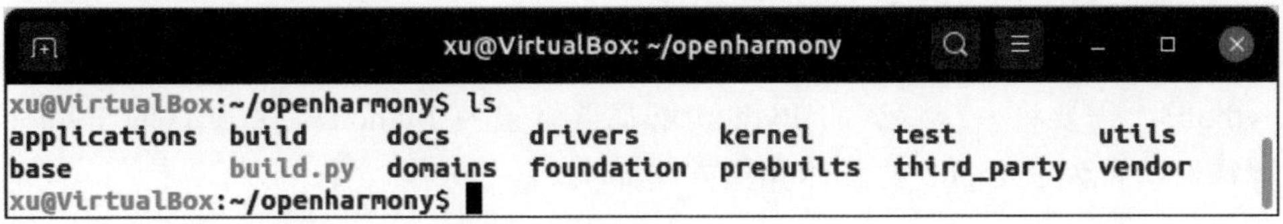

```
xu@VirtualBox: ~/openharmony                                    Q  ≡   □  ✕

xu@VirtualBox:~/openharmony$ ls
applications  build      docs     drivers     kernel      test        utils
base          build.py   domains  foundation  prebuilts   third_party vendor
xu@VirtualBox:~/openharmony$
```

图 1-11

各个目录或文件的简单说明见表 1-1。

表 1-1

目录或文件	描述
applications	应用程序样例，包括 wifi-iot、camera 等
base	基础软件子系统、IoT 硬件子系统
build	组件化编译、构建和配置脚本
docs	说明文档
domains	增强软件服务子系统集
drivers	驱动子系统
foundation	系统基础能力子系统集
kernel	内核子系统
prebuilts	编译器及工具链子系统
test	测试子系统
third_party	开源第三方组件
utils	常用的工具集
vendor	厂商提供的软件
build.py	编译脚本文件

1.5.3 编译 HarmonyOS 源代码

在编译 HarmonyOS 源代码前，需要先设置默认的 Python 解释器。

1. 设置默认的Python解释器

在 Ubuntu 20.04 系统上，默认已经安装了 Python 3.8，解释命令名为 python3。需要将系统默认的 Python 解释器设置为 Python3。将默认的 Python 解释器设置为 Python3 的具体操作方法如下。

执行 sudo ln-s /usr/bin/python3/usr/bin/python 命令，创建指向/usr/bin/python3 的符号链接文件/usr/bin/python。

2. 执行编译命令

在 HarmonyOS 源代码的顶层目录下，执行 python build.py wifiiot 命令。在一段时间后，编译结束，若输出 BUILD SUCCESS，则表示编译成功，如图 1-12 所示。

```
< ^^^^^^^^^^^^^^^^^^^^^^^^^^^^^^^^^^^^^^^^^^^^^^^^^^^^^^^^^^^ >
                         BUILD SUCCESS
< ^^^^^^^^^^^^^^^^^^^^^^^^^^^^^^^^^^^^^^^^^^^^^^^^^^^^^^^^^^^ >

See build log from: /home/xu/openharmony/vendor/hisi/hi3861/hi3861/build/build
_tmp/logs/build_kernel.log
[197/197] STAMP obj/vendor/hisi/hi3861/hi3861/run_wifiiot_scons.stamp
ohos wifiiot build success!
xu@VirtualBox:~/openharmony$
```

图 1-12

1.6 使用HUAWEI DevEco Device Tool

HUAWEI DevEco Device Tool 是 HarmonyOS 官方提供的开发工具，为开发者提供了代码编辑和软件调试于一体的集成开发能力。HUAWEI DevEco Device Tool 是以 VS Code 编辑器插件的形式发布的。因此，在安装 HUAWEI DevEco Device Tool 之前，需要先安装 VS Code 编辑器。

下载 HUAWEI DevEco Device Tool **及其依赖的软件**

1. 下载HUAWEI DevEco Device Tool

在 HarmonyOS 设备开发网站的 IDE 页面上，可以下载 HUAWEI DevEco Device Tool，如图 1-13 所示。

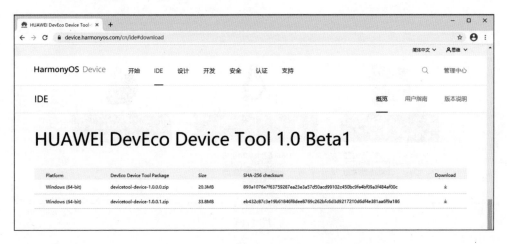

图 1-13

HarmonyOS 设备开发网站提供的是 zip 压缩包，下载完成后，需要将 zip 压缩包解压，以备后续使用。

2. 下载VS Code编辑器

VS Code 编辑器是由微软开发的一款功能丰富的代码编辑器。可以在 VS Code 官网的下载页中找到不同操作系统版本的安装包，如图 1-14 所示。

3. 下载Node.js安装包

HUAWEI DevEco Device Tool 依赖一些使用 Node.js 开发的组件。因此，在安装 HUAWEI DevEco Device Tool 之前，需要先下载并安装 Node.js 安装包。可以在 Node.js 官方网站下载 Node.js 安装包。**注意，在下载时请选择 LTS 12.0.0 及以上版本。**

4. 下载JDK

HUAWEI DevEco Device Tool 包含一些使用 Java 开发的组件。因此，在安

装 HUAWEI DevEco Device Tool 之前，需要先下载并安装 JDK 或 OpenJDK。可以在 Java 官方网站下载 JDK，可以在 OpenJDK 开源项目的首页下载 OpenJDK。

图 1-14

1.6.2　安装 HUAWEI DevEco Device Tool

在安装 HUAWEI DevEco Device Tool 之前，需要先安装 HUAWEI DevEco Device Tool 依赖的软件，具体包括 VS Code 编辑器、Node.js、JDK/OpenJDK、以及包管理器。

1. 安装VS Code编辑器

在 VS Code 安装包下载完成后，可以按照以下步骤安装。

（1）运行安装程序，单击"我同意此协议"单选按钮，单击"下一步"按钮，如图 1-15 所示。

（2）在后续几个步骤中，按照安装程序的提示进行操作，单击"下一步"按钮即可。

图 1-15

（3）在"准备安装"页面，单击"安装"按钮确认此前的选项，安装过程将开始。

（4）在一段时间后，弹出"安装完成"页面，单击"完成"按钮确认安装完成，会默认运行 VS Code 编辑器。

2. 安装Node.js

HUAWEI DevEco Device Tool 依赖 Node.js，因此在安装 HUAWEI DevEco Device Tool 之前需要先安装 Node.js。安装 Node.js 的具体操作步骤如下。

（1）在 Node.js 安装包下载完成后，单击安装包进行安装，勾选"I accept the terms in License Agreement"（我接受许可协议中的条款）按钮，其余选项全部按照默认选择，单击"Next"（下一步）按钮，最后单击"Install"（安装）按钮即可开始安装。

（2）在 Node.js 安装完成后，单击"此电脑"→"属性"→"高级系统设置"→"高级"→"环境变量"→"系统变量"，新增 NODE_PATH 环境变量，值为 C:\Users\%USERNAME%\AppData\Roaming\npm\node_modules，其中，

把%USERNAME%替换为当前的 Windows 登录用户名。

在以上操作完成后，按 Win 键（或 Win+R 组合键）输入 cmd 命令并按回车键，打开命令提示符窗口，执行 node-v 命令，若能够输出版本信息，则表示安装成功。

3. 安装JDK OpenJDK

HUAWEI DevEco Device Tool 依赖 Java 8，因此在安装 HUAWEI DevEco Device Tool 之前需要先安装 Java 8。若已经安装了 Java 8，则可以跳过此步骤。

（1）打开命令提示符窗口，运行 java-version 命令，检测 Java 版本，若能够输出版本号，则已经安装。

（2）在 Java 官网或 OpenJDK 网站下载 JDK 安装包。

（3）运行 JDK 或 OpenJDK 安装包，按照向导操作，安装 Java。

在以上操作完成后，打开命令提示符窗口，执行 java-version 命令，若能够输出版本信息，则表示安装成功。

4. 安装包管理器

HUAWEI DevEco Device Tool 依赖 HarmonyOS 包管理器（hpm），因此在安装 HUAWEI DevEco Device Tool 前需要先安装 HarmonyOS 包管理器。具体操作步骤如下。

（1）按 Win 键（或 Win+R 组合键）输入 cmd 命令并按回车键，打开命令提示符窗口。

（2）执行 npm install-g@ohos/hpm-cli 命令，安装 HarmonyOS 包管理器。

在以上操作完成后，打开命令提示符窗口，执行 hpm-V 命令（注意 V 是大写的）。若能够输出版本信息，则表示安装成功。

5. 安装HUAWEI DevEco Device Tool

在 VS Code 编辑器、Node.js、JDK/OpenJDK 和 HarmonyOS 包管理器安装成功后，就可以安装 HUAWEI DevEco Device Tool 了，具体操作步骤如下。

（1）打开 VS Code 编辑器。

（2）单击 VS Code 编辑器左侧的"EXTENSION"（扩展）图标，单击左侧边栏右上角的"…"按钮显示下拉菜单，在下拉菜单中选择"Install from VSIX…"（从 VSIX 中安装……）选项，如图 1-16 所示。

图 1-16

（3）在弹出的文件选择对话框中，选择"下载"目录中此前已下载完成并解压出来的 HUAWEI DevEco Device Tool，如图 1-17 所示。

图 1-17

6. 安装其他VS Code插件

在网络连接正常的情况下，你可以通过 VS Code 编辑器的"EXTENSION"页面，在线搜索和安装可用插件。这里推荐安装以下插件：

（1）C/C++，该插件用于提供 C/C++代码的语法解析、智能提示、函数跳转等功能。

（2）Chinese (Simplified) Language Pack for Visual Studio Code，简体中文插件，该插件用于提供 VS Code 编辑器菜单的中文显示。

1.6.3 映射 Samba 服务的共享目录到本地磁盘

如果你的编译服务器 Ubuntu 20.04 系统上已经成功地安装了 Samba 服务，并且配置了共享目录，那么在同一个网络中的 Windows 主机上就可以将 Samba 服务的共享目录映射到本地磁盘。在映射到本地磁盘后，就可以使用 Windows 上的编辑器修改 Samba 服务的共享目录中的文件，例如使用 VS Code 编辑代码。在 Windows 主机上，映射 Samba 服务的共享目录的具体操作步骤如下。

（1）找到并打开"映射网络驱动器"下拉菜单，例如在 Windows 10 中，可以在文件管理器中找到"映射网络驱动器"下拉菜单，如图 1-18 所示。

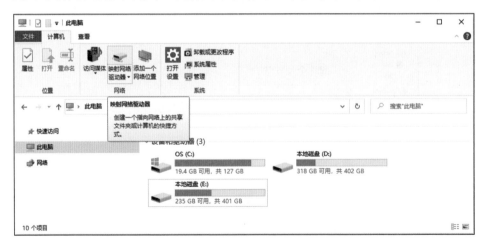

图 1-18

（2）在弹出的"映射网络驱动器"对话框中，在"文件夹"文本框中填入 Samba 服务地址和共享目录。例如，我的编译服务器的 IP 地址是 192.168.1.157，Samba 服务配置的共享目录名为 home，在"文件夹"文本框中应该输入"\\192.168.1.157\home\user"。然后，单击"完成"按钮，如图 1-19 所示。

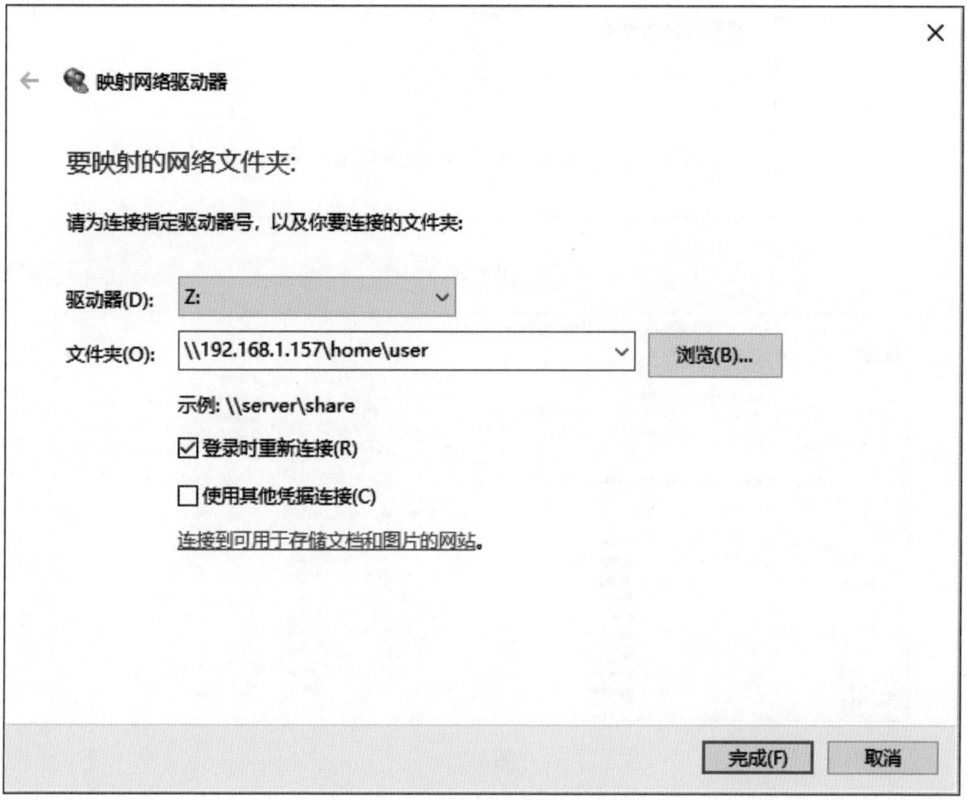

图 1-19

（3）在弹出的"输入网络凭据"对话框中输入 Samba 用户名和密码，勾选"记住我的凭据"复选框，单击"确定"按钮，如图 1-20 所示。

如果你输入的 Samba 用户名和密码正确，那么会成功地打开网络位置，并且可以在地址栏中看到映射了本地盘符，如图 1-21 所示。

图 1-20

图 1-21

1.6.4 用 HUAWEI DevEco Device Tool 导入项目

在 VS Code 编辑器安装 HUAWEI DevEco Device Tool 插件后，在下一次打开时会弹出 HUAWEI DevEco Device Tool 的欢迎页面，如图 1-22 所示。

使用 HUAWEI DevEco Device Tool 导入项目的具体操作流程如下。

（1）单击欢迎页面的"导入工程"按钮，会弹出"导入工程"页面，如图 1-23 所示。

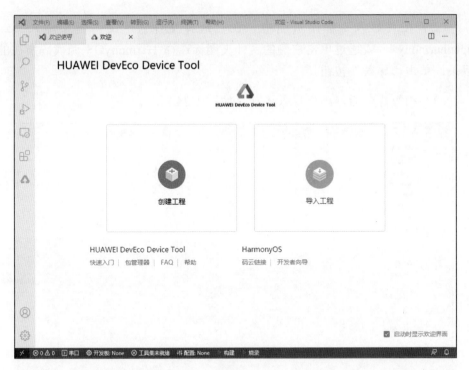

图 1-22

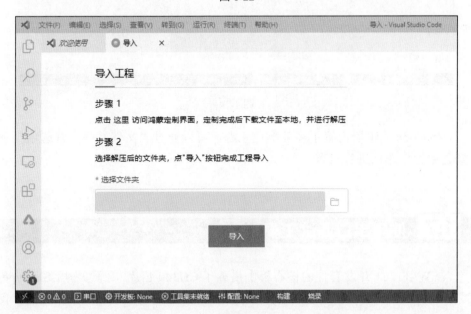

图 1-23

（2）在"导入工程"页面中，在"选择文件夹"文本框中输入"z:\openharmony"，或通过单击右侧的文件夹图标选择 HarmonyOS 源代码所在的目录，单击"导入"按钮。

（3）稍等片刻后，项目导入成功，如图 1-24 所示。

图 1-24

VS Code 编辑器内置了多套颜色主题，可以通过"文件"→"首选项"→"颜色主题"选项进行设置。

1.7 使用串口调试工具

在 Wi-Fi IoT 开发套件的核心板上搭载了 CH340 芯片，用于实现 USB Type-C 接口和主控芯片 UART 接口之间的数据传递。在使用串口调试工具之前，我们需要先下载并安装串口驱动。

1.7.1 下载 CH340 芯片相关软件

CH340 芯片是南京沁恒微电子股份有限公司设计并生产的 USB 转 UART 串口芯片。可以从该公司官网的 CH340 产品页面中找到 CH340 芯片的相关资料，如图 1-25 所示。

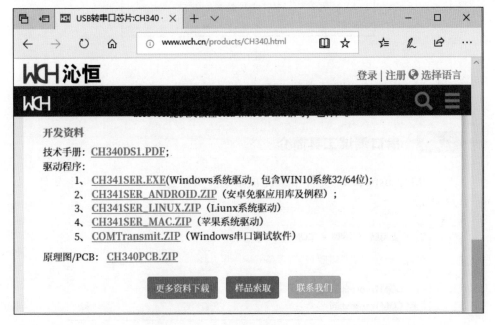

图 1-25

我们需要下载以下两个文件：

（1）CH341SER.EXE（Windows 系统驱动程序）。

（2）COMTransmit.ZIP（Windows 串口调试软件）。

1.7.2 安装 CH340 芯片的驱动

在 CH341SER.EXE 文件下载完成后，运行该程序，在程序运行后，页面如图 1-26 所示。

图 1-26

单击"安装"按钮即可安装 CH340 芯片的驱动到 Windows 系统。

1.7.3 串口调试工具简介

在 COMTransmit.ZIP 文件下载完成后，将其解压，可以得到两个文件，如图 1-27 所示。

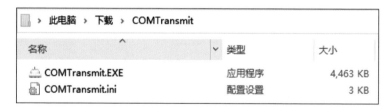

图 1-27

COMTransmit.EXE 是串口工具软件，COMTransmit.ini 是该软件的配置文件。

运行 COMTransmit.EXE，可以看到 COMTransmit 串口调试工具的主页面，如图 1-28 所示。

（1）"串口号"右边的下拉菜单，用于选择串口设备。

（2）"打开串口"按钮，用于打开和关闭串口设备的连接。

（3）"接收区"右上角的"HEX 显示"复选框，通常不需要勾选。在勾选后，接收区将用 16 进制的数据显示接收到的内容，可以显示一些不能显示的数据（例如，ASCII 码表中的特殊字符）。

（4）"发送区"右上角的"HEX 发送"复选框，通常不需要勾选。在勾选后，可以在发送区输入 16 进制的数据，可以发送一些不能显示的数据（例如，ASCII 码表中的特殊字符）。

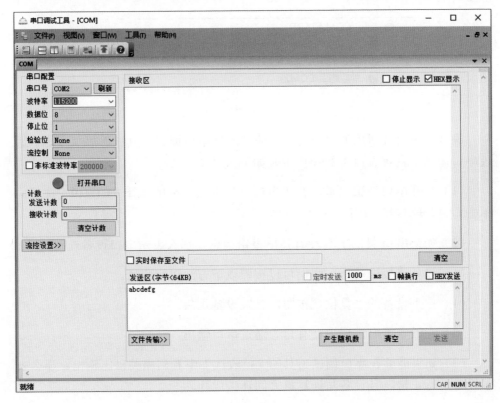

图 1-28

1.7.4　用串口调试工具查看串口日志

在后续章节的开发过程中，我们会经常通过使用查看程序执行日志的方式记录和跟踪程序的执行流程，而串口调试工具就是我们接收和查看串口日志的有力工具。

在 Windows 系统中，使用串口调试工具接收串口日志之前，需要将开发套件与计算机连接并确认串口号。将开发套件与计算机连接，以及确认串口号的具体操作步骤如下。

（1）将 Wi-Fi IoT 开发套件通过 USB Type-C 线连接到计算机。

（2）打开 Windows 的设备管理器，查看 CH340 设备的端口号[①]，如图 1-29 所示，端口号为 COM9。

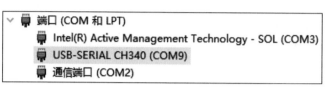

图 1-29

确认开发套件对应的串口号后，即可通过串口调试工具查看串口日志。通过串口调试工具查看日志的操作步骤如下。

（1）打开串口调试工具，在"串口号"下拉菜单中选择"COM9"选项，单击 "打开串口"按钮。

（2）如果串口调试工具没有弹出报错信息，那么表示串口设备连接成功。

串口设备连接成功后，我们可以按照以下方法进行测试。

（1）按下设备的"复位"按钮，触发设备重启。

（2）在设备重启过程中会有日志通过串口输出。

（3）如果能够在串口调试工具的"接收区"中看到相关日志输出，那么表示设备运行正常，且设备与计算机之间连接成功。

---

① 端口与串口意思相同，不同系统的叫法不一样。

外设控制篇

第 2 章

用 HarmonyOS 控制 I/O 设备

2.1 从编写Hello World开始

本节将会介绍如何使用 C 语言为开发板编写一个 Hello World 程序，如何将编译好的二进制文件烧录到开发板上，以及如何通过串口查看程序的输出结果。

2.1.1 编写 Hello World 程序源代码

1. 创建名为hello.c的文件

在 OpenHarmony 源代码的 applications/sample/wifi-iot/app/ startup 目录下，创建名为 hello.c 的文件：

```c
#include <stdio.h>
#include "ohos_init.h"
```

```
void hello(void)
{
    printf("Hello, World!\n");
}
SYS_RUN(hello);
```

在代码实例中，ohos_init.h 是 HarmonyOS 特有的头文件。SYS_RUN 是 ohos_init.h 中定义的一个宏，它的作用是让一个函数在系统启动时自动执行。

2. 修改BUILD.gn构建脚本

修改 OpenHarmony 源代码的 applications/sample/wifi-iot/app/ startup 目录下的 BUILD.gn 文件，将内容修改为：

```
static_library("startup") {
    sources = [
        "hello.c"
    ]

    include_dirs = [
        "// third_party/cmsis/CMSIS/RTOS2/Include",
    ]
}
```

2.1.2　将源代码编译成二进制文件

在 OpenHarmony 源代码的顶层目录下，执行 python build.py wifiiot 命令，开始编译。在编译完成后，二进制文件将会生成到 out/wifiiot 子目录下。

2.1.3　将二进制文件烧录到开发板

1. 为HUAWEI DevEco Device Tool配置开发板

在第一次烧录之前，需要先配置开发板。配置开发板的操作步骤如下。

（1）单击 VS Code 编辑器底部状态栏的"开发板:None"按钮，打开开发选择下拉菜单，如图 2-1 所示（或单击图中左侧标记 1 处的"DEVECO TASKS"

菜单，再单击图中标记 2 处的"配置"按钮）。

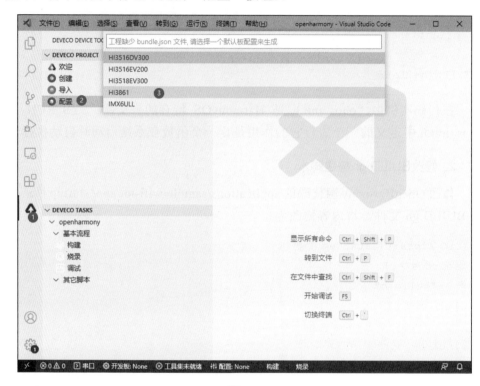

图 2-1

在弹出的下拉菜单中选择"Hi3861"选项，进入 Hi3861 开发板配置页面，如图 2-2 所示。

（2）在 Hi3861 开发板配置页面中，单击"烧录"按钮，进入烧录配置页面，如图 2-3 所示。

（3）在烧录配置页面的"端口号"下拉菜单中，根据设备管理器中显示的串口设备号选择相应的串口。例如，图 2-3 中的"COM9"。

（4）把右侧的滚动条下拉到"烧录文件"选区，单击右侧的文件图标选择待烧录文件。在弹出的文件选择对话框中，选择此前编译生成的 Hi3861_wifiiot_app_allinone.bin 文件，并在"方式"下拉菜单中选择"HiBurn"选项，如图 2-4 所示。

图 2-2

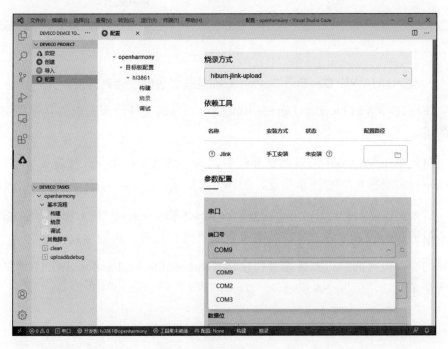

图 2-3

图 2-4

2. 使用HUAWEI DevEco Device Tool烧录二进制文件到开发板

使用 HUAWEI DevEco Device Tool 烧录二进制文件到开发板的具体操作步骤如下。

（1）单击 VS Code 编辑器底部状态栏的"烧录"按钮，此按钮被按下后，终端窗口将会输出一些提示信息，如图 2-5 所示。

（2）在终端窗口输出"Please tap the Reset-Key to reset the board"后，按下核心板的复位按钮，终端窗口将会有烧录进度和过程日志输出。

（3）一段时间后，若终端窗口输出"Succeed to load and write image"，则表示烧录成功，如图 2-6 所示。

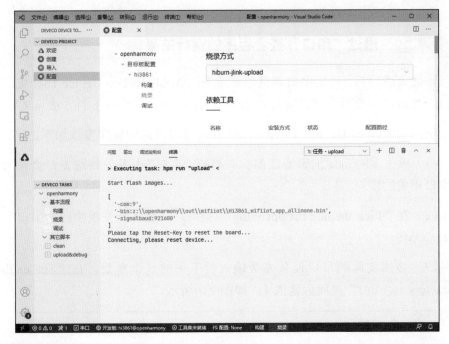

图 2-5

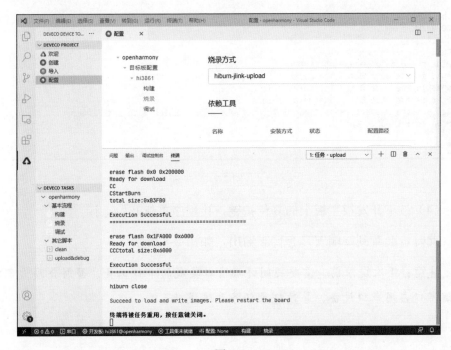

图 2-6

2.1.4 通过"串口"查看程序的运行结果

在烧录成功后，使用串口调试工具或 HUAWEI DevEco Device Tool 集成的串口工具均可以查看程序的运行结果。使用串口助手查看日志的方法见 1.7 节。

使用 HUAWEI DevEco Device Tool 查看串口日志的操作步骤如下。

（1）单击 VS Code 编辑器底部状态栏的"串口"按钮，终端窗口会输出打开串口相关的提问。

（2）在"Pick the one for openning:"提问后，输入开发板实际的串口号，例如 COM9。

（3）按照实际的串口设备参数输入接下来的几个参数，在"Set endline characters as '\r\n'?"提问后输入 1，如图 2-7 所示。

```
问题   输出   调试控制台   终端

> Executing task: node serialterminal.js <

The port name:
COM9
COM2
COM3
Pick the one for openning: COM9
What is the Baud Rate? The default is 115200. Enter:
What is the Data Bits? The default is 8. Enter:
What is the Stop Bits? The default is 1. Enter:
Set endline characters as "\r\n"? The default is 0,  Enter 1 to set. Enter: 1
Open serial port: COM9
```

图 2-7

（4）按下开发板主板上的复位按键，让程序重新开始运行。

此时，会看到终端窗口有日志输出，如图 2-8 所示。

注意：下次烧录前，需要关闭终端窗口集成的串口工具，否则会因为串口调试窗口占用串口设备，导致烧录任务无法成功。

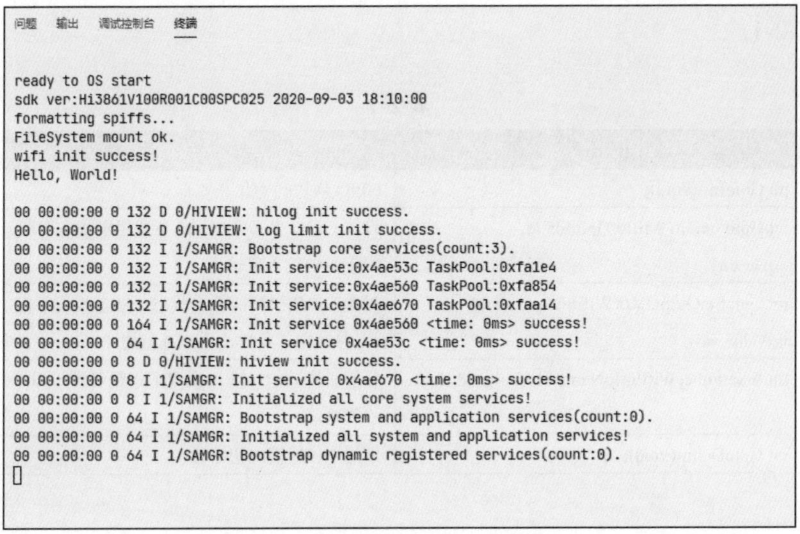


```
ready to OS start
sdk ver:Hi3861V100R001C00SPC025 2020-09-03 18:10:00
formatting spiffs...
FileSystem mount ok.
wifi init success!
Hello, World!

00 00:00:00 0 132 D 0/HIVIEW: hilog init success.
00 00:00:00 0 132 D 0/HIVIEW: log limit init success.
00 00:00:00 0 132 I 1/SAMGR: Bootstrap core services(count:3).
00 00:00:00 0 132 I 1/SAMGR: Init service:0x4ae53c TaskPool:0xfa1e4
00 00:00:00 0 132 I 1/SAMGR: Init service:0x4ae560 TaskPool:0xfa854
00 00:00:00 0 132 I 1/SAMGR: Init service:0x4ae670 TaskPool:0xfaa14
00 00:00:00 0 164 I 1/SAMGR: Init service 0x4ae560 <time: 0ms> success!
00 00:00:00 0 64 I 1/SAMGR: Init service 0x4ae53c <time: 0ms> success!
00 00:00:00 0 8 D 0/HIVIEW: hiview init success.
00 00:00:00 0 8 I 1/SAMGR: Init service 0x4ae670 <time: 0ms> success!
00 00:00:00 0 8 I 1/SAMGR: Initialized all core system services!
00 00:00:00 0 64 I 1/SAMGR: Bootstrap system and application services(count:0).
00 00:00:00 0 64 I 1/SAMGR: Initialized all system and application services!
00 00:00:00 0 64 I 1/SAMGR: Bootstrap dynamic registered services(count:0).
```

图 2-8

2.2 使用GPIO模块输出高/低电平

本节将会介绍如何使用 HarmonyOS IoT 硬件子系统的 GPIO 模块的相关 API，控制核心板上可编程 LED 灯亮或灭。

2.2.1 GPIO 简介

GPIO 是 General Purpose Input/Output 的英文缩写。Hi3861 芯片内部包含了 GPIO 模块，用于实现芯片引脚上的数字输入、输出功能。所谓的数字输入、输出，是指状态只能是 0 或 1 两种状态，通常使用低电平表示 0，高电平表示 1。

2.2.2 HarmonyOS IoT 硬件子系统的 GPIO 模块与输出相关的 API

HarmonyOS IoT 硬件子系统提供了控制外设硬件的应用程序编程接口（Application Programming Interface，API）。其中，GPIO 模块的相关 API 可用于控制芯片引脚的数字输入和数字输出。GPIO 模块与输出相关的 API 和功能描述见表 2-1。

表 2-1

API	功能描述
unsigned int GpioInit(void);	GPIO 模块初始化
unsigned int GpioSetDir(WifiIotGpioIdx id, WifiIotGpioDir dir);	设置 GPIO 引脚方向，id 参数用于指定引脚，dir 参数用于指定输入或输出
unsigned int GpioSetOutputVal(WifiIotGpioIdx id, WifiIotGpioValue val);	设置 GPIO 引脚的输出状态，id 参数用于指定引脚，val 参数用于指定高电平或低电平
unsigned int IoSetFunc(WifiIotIoName id, unsigned char val);	设置引脚功能，id 参数用于指定引脚，val 用于指定引脚功能
unsigned int GpioDeinit(void);	解除 GPIO 模块初始化

2.2.3 核心板可编程 LED 灯部分的原理图说明

核心板可编程 LED 灯部分的原理如图 2-9 所示。

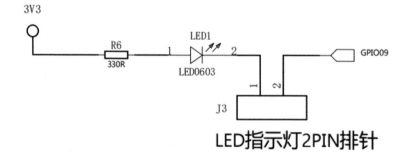

图 2-9

在原理图中，J3 是两根排针，默认由跳帽连接，是导通状态的，可视为直连状态的。LED1 即核心板可编程 LED 灯，它的一端通过排针 J3 和主控芯片 GPIO09 引脚连接，另一端通过电阻 R6 连接到 3V3 电源。

由于 LED1 和主控芯片 GPIO09 引脚相连，因此主控芯片 GPIO09 引脚输出不同电平即可控制 LED1 的状态。结合原理图分析可知，主控芯片 GPIO09 引脚状态和 LED1 状态的对应关系见表 2-2。

表 2-2

GPIO09 引脚状态	LED1 状态
低电平	亮
高电平	灭

2.2.4　通过 GPIO 模块控制 LED 灯亮和灭

1. 创建 led.c 文件

在 OpenHarmony 源代码的 applications/sample/wifi-iot/app/ 目录下创建 led_demo 目录，在该目录下创建名为 led.c 的文件，内容如下：

```c
#include <stdio.h>
#include "ohos_init.h"
#include "cmsis_os2.h"
#include "wifiiot_gpio.h"
#include "wifiiot_gpio_ex.h"

static void LedTask(void *arg)
{
    (void) arg;

    GpioInit();
    IoSetFunc(WIFI_IOT_IO_NAME_GPIO_9, WIFI_IOT_IO_FUNC_GPIO_9_GPIO);
    GpioSetDir(WIFI_IOT_GPIO_IDX_9, WIFI_IOT_GPIO_DIR_OUT);

    while (1) {
        GpioSetOutputVal(WIFI_IOT_GPIO_IDX_9, WIFI_IOT_GPIO_VALUE0);
        osDelay(50);
        GpioSetOutputVal(WIFI_IOT_GPIO_IDX_9, WIFI_IOT_GPIO_VALUE1);
        osDelay(50);
    }
}

static void LedEntry(void)
```

```
{
    osThreadAttr_t attr = {0};

    attr.name = "LedTask";
    attr.stack_size = 4096;
    attr.priority = osPriorityNormal;

    if (osThreadNew(LedTask, NULL, &attr) == NULL) {
        printf("[LedEntry] create LedTask failed!\n");
    }
}
SYS_RUN(LedEntry);
```

以上代码的部分代码说明如下。

（1）IoSetFunc 函数用于设置引脚功能（Hi3861 芯片的外设接口较多，引脚数量较少，因此存在部分引脚有多个功能的情况），Hi3861 引脚功能复用表见附录 E。

（2）GpioSetOutputVal 函数用于设置引脚的输出状态。函数的第二个参数使用的枚举 WIFI_IOT_GPIO_VALUE0 和 WIFI_IOT_GPIO_VALUE1 对应的值分别为 0 和 1，直接使用 0 或 1 程序也同样可以运行。

（3）osThreadNew 函数用于创建线程，细节可参考第 7 章。

2. 创建BUILD.gn文件

在 applications/sample/wifi-iot/app/led_demo 目录下，创建 BUILD.gn 文件，将内容填充为：

```
static_library("led_demo") {
    sources = [ "led.c" ]

    include_dirs = [
        "// third_party/cmsis/CMSIS/RTOS2/Include",
        "//utils/native/lite/include",
        "//base/iot_hardware/interfaces/kits/wifiiot_lite",
    ]
}
```

在该 BUILD.gn 文件中，定义了一个名为"led_demo"的静态库，同时指定了编译该静态库所需的源代码文件列表和包含目录列表。

3. 编译led.c文件

在创建完 led.c 和 BUILD.gn 文件后，按以下步骤进行编译：

（1）修改 applications/sample/wifi-iot/app 目录下的 BUILD.gn 文件，将其中的"startup"替换为"led_demo"，修改后的主要内容如下：

```
import("//build/lite/config/component/lite_component.gni")

lite_component("app") {
    features = [
        "led_demo",
    ]
}
```

（2）在 OpenHarmony 源代码的顶层目录下，执行 python build.py wifiiot 命令。

（3）一段时间后，若终端输出"BUILD SUCCESS"，则表示编译成功。

在编译成功后，在 out/wifiiot 子目录下可以找到编译生成的二进制文件。

4. 烧录和运行

在编译成功后，即可将编译生成的二进制文件烧录到开发板，具体的操作步骤参考 2.1.3 节的相关描述。

在烧录完成后，按下复位按键，你将会看到主板上的 LED 灯开始闪烁。

2.3　使用GPIO模块实现按键输入

本节将介绍如何使用 HarmonyOS IoT 硬件子系统的 GPIO 模块的相关 API，通过按键控制 LED 灯的状态。

2.3.1
HarmonyOS IoT 硬件子系统的 GPIO 模块与输入相关的 API

HarmonyOS IoT 硬件子系统的 GPIO 模块与输入相关的 API 和功能描述见表 2-3。

表 2-3

API	功能描述
unsigned int GpioGetInputVal(WifiIotGpioIdx id, WifiIotGpioValue *val);	获取 GPIO 引脚状态，id 参数用于指定引脚，val 参数用于接收 GPIO 引脚状态
unsigned int IoSetPull(WifiIotIoName id, WifiIotIoPull val);	设置引脚上拉或下拉状态，id 参数用于指定引脚，val 参数用于指定上拉或下拉状态
unsigned int GpioRegisterIsrFunc(WifiIotGpioIdx id, WifiIotGpioIntType intType, WifiIotGpioIntPolarity intPolarity, GpioIsrCallbackFunc func, char *arg);	注册 GPIO 引脚中断，id 参数用于指定引脚，intType 参数用于指定中断触发类型（边缘触发或水平触发），intPolarity 参数用于指定具体的边缘类型（下降沿或上升沿）或水平类型（高电平或低电平），func 参数用于指定中断处理函数，arg 参数用于指定中断处理函数的附加参数
typedef void (*GpioIsrCallbackFunc) (char *arg);	中断处理函数原型，arg 参数为附加参数，可以不使用（填 NULL），或传入指向用户自定义类型的参数
unsigned int GpioUnregisterIsrFunc(WifiIotGpioIdx id);	解除 GPIO 引脚中断注册，id 参数用于指定引脚

通过 HarmonyOS IoT 硬件子系统的 GPIO 模块的相关 API 实现输入功能，主要有两种方式：

（1）查询方式，应用代码通过 GpioGetInputVal 主动获取引脚状态。

（2）中断方式，应用代码通过 GpioRegisterIsrFunc 向系统注册一个中断处理函数。当状态发生改变时，该中断处理函数会被系统调用，相应的代码会被执行。

2.3.3 节和 2.3.4 节将通过代码实例演示如何使用以上两种方式，实现通过 USER 按键控制 LED1 灯亮和灭。

核心板 USER 按键部分的原理图说明

核心板 USER 按键部分的原理如图 2-10 所示。

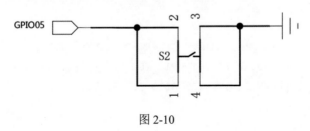

图 2-10

在原理图中，S2 按键的一端和主控芯片的 GPIO05 引脚连接，S2 按键的另一端接地。因此，当按键被按下时，GPIO05 引脚将会接地，即处于低电平状态。

通过查询 GPIO 状态控制 LED 灯

1. 创建gpio_input_set.c文件

在 OpenHarmony 源代码的 applications/sample/wifi-iot/app/ 目录下创建 gpio_demo 目录，在该目录下创建名为 gpio_input_get.c 的文件：

```c
#include <stdio.h>
#include "ohos_init.h"
#include "cmsis_os2.h"
#include "wifiiot_gpio.h"
#include "wifiiot_gpio_ex.h"

static void GpioTask(void *arg)
{
    (void) arg;

    GpioInit();
    IoSetFunc(WIFI_IOT_IO_NAME_GPIO_9, WIFI_IOT_IO_FUNC_GPIO_9_GPIO);
    GpioSetDir(WIFI_IOT_GPIO_IDX_9, WIFI_IOT_GPIO_DIR_OUT);
```

```
IoSetFunc(WIFI_IOT_IO_NAME_GPIO_5, WIFI_IOT_IO_FUNC_GPIO_5_GPIO);
GpioSetDir(WIFI_IOT_GPIO_IDX_5, WIFI_IOT_GPIO_DIR_IN);
IoSetPull(WIFI_IOT_IO_NAME_GPIO_5, WIFI_IOT_IO_PULL_UP);

    while (1) {
        WifiIotGpioValue value = WIFI_IOT_GPIO_VALUE0;
        GpioGetInputVal(WIFI_IOT_GPIO_IDX_5, &value); // 获取 GPIO05 引脚状态
        GpioSetOutputVal(WIFI_IOT_GPIO_IDX_9, value); // 设置 GPIO09 引脚状态
    }
}

static void GpioEntry(void)
{
    osThreadAttr_t attr = {0};

    attr.name = "GpioTask";
    attr.stack_size = 4096;
    attr.priority = osPriorityNormal;

    if (osThreadNew(GpioTask, NULL, &attr) == NULL) {
        printf("[GpioEntry] create GpioTask failed!\n");
    }
}
SYS_RUN(GpioEntry);
```

2. 创建BUILD.gn文件

在 applications/sample/wifi-iot/app/gpio_demo 目录下，创建 BUILD.gn 文件，将内容填充为：

```
static_library("gpio_demo") {
    sources = [ "gpio_input_get.c" ]

    include_dirs = [
        "// third_party/cmsis/CMSIS/RTOS2/Include",
        "//utils/native/lite/include",
```

```
    "//base/iot_hardware/interfaces/kits/wifiiot_lite",
]
}
```

3. 编译gpio_input_set.c文件

修改完 BUILD.gn 文件后，按以下步骤进行编译：

（1）修改 applications/sample/wifi-iot/app 目录下的 BUILD.gn 文件，将其中的 features 值修改为"gpio_demo"，修改后的主要内容如下：

```
import("//build/lite/config/component/lite_component.gni")

lite_component("app") {
    features = [
        "gpio_demo",
    ]
}
```

（2）在 OpenHarmony 源代码的顶层目录下执行 python build.py wifiiot 命令，开始编译。

在编译成功后，在 out/wifiiot 子目录下可以找到编译生成的二进制文件。

4. 烧录和运行

在编译成功后，即可将编译生成的二进制文件烧录到开发板，具体的操作步骤参考 2.1 节的相关描述。

在烧录完成后，按下复位按键，程序将会运行。在程序运行后，通过串口调试工具可以查看串口输出的日志，可编程 LED 灯应为熄灭状态。因为在代码中设置了上拉，因此在按键没有被按下时读取到的状态一定为高电平，而当 GPIO09 输出高电平时，LED 灯应为熄灭状态。

此时，按下 USER 按键，LED 灯将会亮，松开 USER 按键后，LED 灯将会熄灭。

2.3.4 通过注册 GPIO 中断控制 LED 灯

1. 创建gpio_input_int.c文件

在 OpenHarmony 源代码的 applications/sample/wifi-iot/app/gpio_demo 目录下创建 gpio_input_int.c 文件，将内容填充为：

```
#include <stdio.h>
#include <stdbool.h>
#include "ohos_init.h"
#include "cmsis_os2.h"
#include "wifiiot_gpio.h"
#include "wifiiot_gpio_ex.h"

static volatile WifiIotGpioValue g_ledPinValue = WIFI_IOT_GPIO_VALUE0;

static void OnButtonPressed(char* arg)
{
    (void) arg;
    g_ledPinValue = !g_ledPinValue;
}

static void GpioTask(void *arg)
{
    (void) arg;

    GpioInit();
    IoSetFunc(WIFI_IOT_IO_NAME_GPIO_9, WIFI_IOT_IO_FUNC_GPIO_9_GPIO);
    GpioSetDir(WIFI_IOT_GPIO_IDX_9, WIFI_IOT_GPIO_DIR_OUT);

    IoSetFunc(WIFI_IOT_IO_NAME_GPIO_5, WIFI_IOT_IO_FUNC_GPIO_5_GPIO);
    GpioSetDir(WIFI_IOT_GPIO_IDX_5, WIFI_IOT_GPIO_DIR_IN);
    IoSetPull(WIFI_IOT_IO_NAME_GPIO_5, WIFI_IOT_IO_PULL_UP);
    GpioRegisterIsrFunc(WIFI_IOT_GPIO_IDX_5, // 注册 GPIO05 中断处理函数
```

```
        WIFI_IOT_INT_TYPE_EDGE,
        WIFI_IOT_GPIO_EDGE_FALL_LEVEL_LOW,
        OnButtonPressed, NULL);

    while (1) {
        GpioSetOutputVal(WIFI_IOT_GPIO_IDX_9, g_ledPinValue); // 设置
GPIO09 引脚状态
        osDelay(10);
    }
}


static void GpioEntry(void)
{
    osThreadAttr_t attr = {0};

    attr.name = "GpioTask";
    attr.stack_size = 4096;
    attr.priority = osPriorityNormal;

    if (osThreadNew(GpioTask, NULL, &attr) == NULL) {
        printf("[GpioEntry] create GpioTask failed!\n");
    }
}
SYS_RUN(GpioEntry);
```

2. 编译gpio_input_int.c文件

在创建完 gpio_input_int.c 文件后，按以下步骤进行编译：

（1）修改 applications/sample/wifi-iot/app/gpio_demo 目录下的 BUILD.gn
文件，将其中的 sources 值修改为 "gpio_input_int.c"，修改后的主要内容如下：

```
import("//build/lite/config/component/lite_component.gni")

lite_component("app") {
    features = [
```

```
    "gpio_demo",
  ]
}
```

（2）在 OpenHarmony 源代码的顶层目录下执行 python build.py wifiiot 命令，开始编译。

在编译成功后，在 out/wifiiot 子目录下可以找到编译生成的二进制文件。

3. 烧录和运行

在编译成功后，即可将编译生成的二进制文件烧录到开发板，具体的操作步骤参考 2.1 节的相关描述。

在烧录完成后，按下复位按键，程序将会运行。在程序运行后，通过串口调试工具可以查看串口输出的日志，可编程 LED 灯应为亮起状态。因为 g_ledPinValue 变量的默认值为 WIFI_IOT_GPIO_VALUE0，把 GPIO09 引脚的输出状态设置为该值后将会输出低电平。

按下 USER 按键，LED 灯将会熄灭，在松开 USER 按键后，LED 灯仍然熄灭，再次按下 USER 按键后，LED 灯亮，再次松开 USER 按键后 LED 灯仍然亮。重复多次可以发现，每当 USER 按键被按下时 LED 灯的亮和灭会发生一次改变。

2.4 使用PWM模块输出方波

本节将会介绍如何使用 HarmonyOS IoT 硬件子系统的**脉宽调制**（Pulse Width Modulation，PWM）模块的相关 API 控制蜂鸣器发声和 LED 灯的亮度。

2.4.1 PWM 简介

我们知道数字信号只有高/低电平两种状态。在连续的一段时间内，让同一个输出引脚上输出不同状态的高/低电平，可以实现输出方波信号。

通过 CPU 控制 GPIO 引脚状态能够实现这种功能,但每次状态变化都需要 CPU 主动控制,会造成 CPU 计算资源的浪费。

芯片的 PWM 模块无须 CPU 主动控制即可输出连续的方波信号。在有 PWM 模块的芯片中,CPU 只需要向 PWM 模块设定方波的一些参数,就可以实现在没有 CPU 控制的情况下,输出一定频率的连续方波信号。另外,PWM 模块可以控制输出方波在一个周期内高电平和低电平所占的时间比例,即占空比。

2.4.2 HarmonyOS IoT **硬件子系统的** PWM **模块的相关** API

HarmonyOS IoT 硬件子系统的 PWM 模块的相关 API 和功能描述见表 2-4。

表 2-4

API	功能描述
unsigned int PwmInit(WifiIotPwmPort port);	PWM 模块初始化
unsigned int PwmStart(WifiIotPwmPort port, unsigned short duty, unsigned short freq);	开始输出 PWM 信号
unsigned int PwmStop(WifiIotPwmPort port);	停止输出 PWM 信号
unsigned int PwmDeinit(WifiIotPwmPort port);	解除 PWM 模块初始化
unsigned int PwmSetClock(WifiIotPwmClkSource clkSource);	设置 PWM 模块时钟源

其中:

(1)PwmInit 函数的 port 参数为 WifiIotPwmPort 枚举类型,用于指定使用 Hi3861 芯片的 PWM 输出通道。WifiIotPwmPort 枚举类型的有效值与 Hi3861 芯片 PWM 输出通道直接的对应关系如下。

① WIFI_IOT_PWM_PORT_PWM0,PWM0 输出通道。

② WIFI_IOT_PWM_PORT_PWM1,PWM1 输出通道。

③ WIFI_IOT_PWM_PORT_PWM2,PWM2 输出通道。

④ WIFI_IOT_PWM_PORT_PWM3,PWM3 输出通道。

⑤ WIFI_IOT_PWM_PORT_PWM4，PWM4 输出通道。

⑥ WIFI_IOT_PWM_PORT_PWM5，PWM5 输出通道。

（2）PwmStart 函数和 PwmInit 函数的 port 参数相同，用于指定使用 Hi3861 芯片的 PWM 输出通道。

① freq 参数用于控制输出的 PWM 信号频率，具体输出的频率 Fout 等于时钟源频率 Fclk 除以 freq 参数的值，即有以下对应关系：

$$Fout = \frac{Fclk}{freq}$$

② duty 参数用于指定占空比，占空比的具体值为 duty 参数和 freq 参数的比值。

（3）PwmStop 函数、PwmDeinit 函数和 PwmInit 函数的 port 参数相同。

（4）PwmSetClock 函数是 HarmonyOS 发布后新增的接口，在使用"从代码仓库获取"的方式下载的 HarmonyOS 源代码中才有该接口。clkSource 参数为 WifiIotPwmClkSource 枚举类型，用于指定 PWM 模块的时钟源。WifiIotPwmClkSource 枚举类型的有效值和具体时钟源的对应关系如下。

① WIFI_IOT_PWM_CLK_160M，内部 160MHz 时钟源。

② WIFI_IOT_PWM_CLK_XTAL，外部晶体时钟源，24MHz 或 40MHz，具体取决于芯片外部使用的晶振频率。在 Wi-Fi IoT 开发套件上，主控芯片使用的晶振频率是 40MHz。

2.4.3　交通灯板的蜂鸣器部分的相关原理图说明

交通灯板的蜂鸣器部分的相关原理如图 2-11 所示。

在原理图中，BEEP 标记处通过插座最终连接在主控芯片的 GPIO09 引脚上。

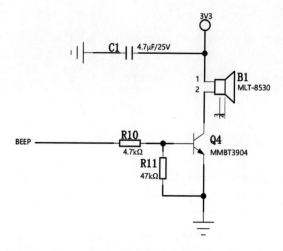

图 2-11

2.4.4　通过输出 PWM 方波控制蜂鸣器发声

1. 创建 pwm_buz.c 文件

在 OpenHarmony 源代码的 applications/sample/wifi-iot/app/ 目录下创建 pwm_demo 目录，在该目录下创建名为 pwm_buz.c 的文件：

```c
#include <stdio.h>
#include "ohos_init.h"
#include "cmsis_os2.h"
#include "wifiiot_gpio.h"
#include "wifiiot_gpio_ex.h"
#include "wifiiot_pwm.h"

static void PwmBuzTask(void *arg)
{
    (void) arg;

    GpioInit();
    IoSetFunc(WIFI_IOT_IO_NAME_GPIO_9,
WIFI_IOT_IO_FUNC_GPIO_9_PWM0_OUT);
    PwmInit(WIFI_IOT_PWM_PORT_PWM0);
```

```
    PwmStart(WIFI_IOT_PWM_PORT_PWM0, 20000, 40000);
    osDelay(100);
    PwmStop(WIFI_IOT_PWM_PORT_PWM0);
}

static void PwmBuzEntry(void)
{
    osThreadAttr_t attr = {0};
    attr.name = "PwmBuzTask";
    attr.stack_size = 4096;
    attr.priority = osPriorityNormal;

    if (osThreadNew(PwmBuzTask, NULL, &attr) == NULL) {
        printf("[PwmBuzEntry] create PwmBuzTask failed!\n");
    }
}
SYS_RUN(PwmBuzEntry);
```

在这段代码中，PwmStart 函数的第三个参数的填入值是 40 000，根据表 2-4 的说明可知，这里输出的 PWM 方波的频率是 4000Hz（160MHz/40 000）。PwmStart 函数的第二个参数的填入值是 20 000，同样可知，这里输出的 PWM 方波的占空比是 50%。

2. 创建BUILD.gn文件

在 applications/sample/wifi-iot/app/pwm_demo 目录下，创建 BUILD.gn 文件，将内容填充为：

```
static_library("pwm_demo") {
    sources = [ "pwm_buz.c" ]

    include_dirs = [
        "// third_party/cmsis/CMSIS/RTOS2/Include",
        "//utils/native/lite/include",
        "//base/iot_hardware/interfaces/kits/wifiiot_lite",
    ]
}
```

3. 编译pwm_buz.c文件

在修改完 BUILD.gn 文件后，按以下步骤进行编译：

（1）修改 applications/sample/wifi-iot/app 目录下的 BUILD.gn 文件，将其中的 features 值修改为"pwm_demo"。

（2）修改 vendor/hisi/hi3861/hi3861/build/config/usr_config.mk 文件，将其中的# CONFIG_PWM_SUPPORT is not set 改为 CONFIG_PWM_SUPPORT=y。如果没有修改此文件，那么在编译过程中将会报错。

（3）在 OpenHarmony 源代码的顶层目录下执行 python build.py wifiiot 命令，开始编译。

在编译完成后，二进制文件将会生成到 out/wifiiot 子目录下。

4. 烧录和运行

在编译完成后，将二进制文件烧录到开发板上，烧录的具体操作步骤参考2.1 节的相关描述。

在烧录完成后，确认"交通灯板"插入底板，按下复位按键，程序将会运行。

在程序运行后，可以听到交通灯板上的蜂鸣器响一秒，然后停止发声。

2.4.5　通过 PWM 模块在蜂鸣器上播放音乐

更改 PwmStart 函数的 freq 参数值，可以输出不同频率的方波，也就能够让蜂鸣器发出不同频率的声音。

例如，将上述的 pwm_buz.c 文件的 PwmBuzTask 函数部分代码替换为以下代码，可以播放《两只老虎》乐曲。

```
#include "hi_pwm.h"
#include "hi_time.h"

static const uint16_t g_tuneFreqs[] = { // 音符对应的分频系数
```

```
    0,      // 40MHz 时钟源, C6 ～ B6:
    38223, // 1 1046.5
    34052, // 2 1174.7
    30338, // 3 1318.5
    28635, // 4 1396.9
    25511, // 5 1568
    22728, // 6 1760
    20249, // 7 1975.5
};

// 曲谱音符
static const uint8_t g_scoreNotes[] = {
    // 《两只老虎》简谱
    1, 2, 3, 1,        1, 2, 3, 1,        3, 4, 5, 3, 4, 5,
    5, 6, 5, 4, 3, 1, 5, 6, 5, 4, 3, 1, 1, 5, 1, 1, 5, 1,
};

// 曲谱时值，根据简谱记谱方法转写
static const uint8_t g_scoreDurations[] = {
    4, 4, 4, 4,        4, 4, 4, 4,        4, 4, 8, 4, 4, 8,
    3, 1, 3, 1, 4, 4, 3, 1, 3, 1, 4, 4, 4, 4, 8, 4, 4, 8,
};

static void PwmBuzTask(void *arg)
{
    (void)arg;

    GpioInit();
    IoSetFunc(WIFI_IOT_IO_NAME_GPIO_9,
WIFI_IOT_IO_FUNC_GPIO_9_PWM0_OUT);
    PwmInit(WIFI_IOT_PWM_PORT_PWM0);

    hi_pwm_set_clock(PWM_CLK_XTAL);
    for (size_t i = 0; i < sizeof(g_scoreNotes)/sizeof(g_scoreNotes[0]);
i++) {
        uint32_t tune = g_scoreNotes[i]; // 音符
```

```
    uint16_t freqDivisor = g_tuneFreqs[tune];
    uint32_t tuneInterval = g_scoreDurations[i] * (125*1000); // 时间
    printf("%d %d %d\r\n", tune, freqDivisor, tuneInterval);
    PwmStart(WIFI_IOT_PWM_PORT_PWM0, freqDivisor/2, freqDivisor);
    hi_udelay(tuneInterval);
    PwmStop(WIFI_IOT_PWM_PORT_PWM0);
    }
}
```

2.4.6　通过 PWM 模块控制蜂鸣器的音量和 LED 灯的亮度

通过前面的描述，我们知道 PwmStart 函数的 freq 参数可以控制输出的 PWM 信号的频率，duty 参数和 freq 参数可以共同控制 PWM 输出信号的占空比。

在 freq 参数不变的情况下，改变 duty 参数的值可以输出不同占空比的方波信号。使用不同占空比的方波信号，可以控制蜂鸣器的音量及 LED 灯的亮度。

例如，将 PwmBuzTask 函数中的代码修改为以下代码，可以让蜂鸣器发出音量大小不断变化的声音，同时核心板上的 LED 灯的亮度会发生变化（这两个器件都是通过 GPIO09 控制的）。

```
static void PwmLedTask(void *arg)
{
    (void) arg;

    GpioInit();
    IoSetFunc(WIFI_IOT_IO_NAME_GPIO_9,
WIFI_IOT_IO_FUNC_GPIO_9_PWM0_OUT);
    PwmInit(WIFI_IOT_PWM_PORT_PWM0);

    while (1) {
        const int numLevels = 100;
```

```
    for (int i = 0; i < numLevels; i++) {
        PwmStart(WIFI_IOT_PWM_PORT_PWM0, 65400/numLevels * i, 65400);
        osDelay(1);
        PwmStop(WIFI_IOT_PWM_PORT_PWM0);
    }
  }
}
```

第 3 章

使用 HarmonyOS 感知环境状态

本章将介绍如何使用 HarmonyOS 读取传感器值感知环境状态。

3.1 使用ADC获取模拟传感器的状态

3.1.1 HarmonyOS IoT 硬件的 ADC 通道

Wi-Fi IoT 开发套件核心板搭载的 Hi3861 芯片有 8 个 ADC 通道（ADC0～ADC7），其中通道 ADC7 为内部 VBAT 电压检测通道，不能进行 AD 转换，通道 ADC0～ADC6 是 12 位逐次逼近型的模拟数字转换器（Analog to Digital Converter），实现将模拟信号转换为数字信号的功能，Wi-Fi IoT 开发套件已将 7 个通道全部预留出来供用户使用。

Hi3861 芯片的 ADC 功能有以下特点：

（1）输入时钟频率为 3MHz，采样精度为 12bit，单通道采样频率小于 200kHz。

（2）共 8 个通道，支持软件配置 0～7 任意通道使能，逻辑按通道编号先低后高发起切换，每个通道采样 1 个数，当通道切换时会对 ADC 电路进行 1 次复位处理。

（3）支持从解复位到开始 ADC 数据转换时间寄存器可配。

（4）支持 128bit×15bit FIFO 用于数据缓存。数据存储格式：高 3bit 为通道编号，低 12bit 为有效数据。

（5）支持对 ADC 采样数据进行平均滤波处理，平均次数支持 1（不进行平均）、2、4、8；当多通道时，每个通道接收 N 个数据（平均滤波个数）再切换通道。

（6）支持 FIFO 水线中断、满中断上报。

（7）模数转换电压基准，可以选择三种模式：自动识别模式、1.8V 基准、3.3V 基准。

Hi3861 芯片的 ADC 功能没有独立的引脚，ADC 功能与 GPIO 功能之间存在引脚复用。对于同时具有这两种或以上功能的引脚，同一时刻只能使用其中的一种功能。Hi3861 芯片的 ADC 通道与 GPIO 引脚的对应关系见表 3-1。

表 3-1

GPIO 引脚	ADC 通道
GPIO04	ADC1
GPIO05	ADC2
GPIO07	ADC3
GPIO09	ADC4
GPIO11	ADC5
GPIO12	ADC6
GPIO13	ADC7

在 Wi-Fi IoT 开发套件中，Hi3861 芯片的所有 ADC 通道对应的 GPIO 引脚都已连接到了底板上，相关原理如图 3-1 所示。

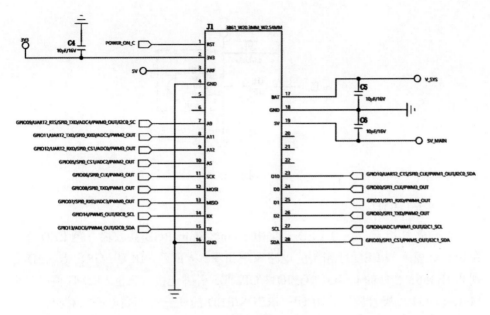

图 3-1

Wi-Fi IoT 开发套件的炫彩灯板原理图说明

在炫彩灯板上有三个可编程器件，分别是人体红外传感器、三色 LED 灯、光敏电阻。

1. 人体红外传感器

人体红外传感器采用了森霸 AS312 数字式热释红外传感器，实物如图 3-2 所示。在炫彩灯板上，与人体红外传感器相关的电路原理如图 3-3 所示，REL 和 Hi3861 芯片的 ADC3 通道（和 GPIO07 复用引脚）连接。可以通过 ADC 通道采集 REL 标号处的电压变化，从而感知人体靠近。

图 3-2

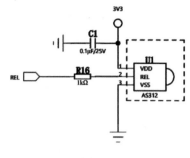

图 3-3

2. 三色LED灯

在炫彩灯板上，三色 LED 灯采用 5mm×5mm RGB 共阳极三色 LED 灯。在炫彩灯板上与 LED 灯相关的电路原理如图 3-4 所示。BLUE/GREEN/RED 分别和 Hi3861 芯片的 GPIO12/GPIO11/GPIO05 引脚连接。三色 LED 灯使用三个 MMBT3904 三极管驱动，BLUE/GREEN/RED 的任一引脚高电平，对应该路颜色的 LED 灯点亮，低电平对应该路颜色的 LED 灯熄灭，可以采用 PWM 信号对每一路灯的亮度进行调节。

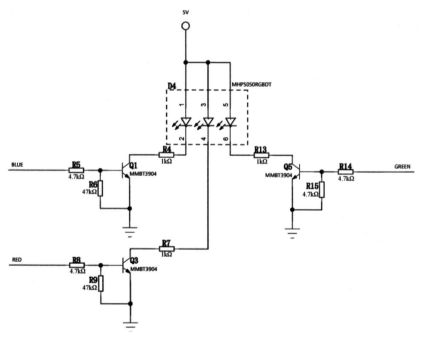

图 3-4

3. 光敏电阻

在炫彩灯板上，与光敏电阻相关的电路原理如图 3-5 所示。其中，R12 是光敏电阻，PHO_RES 和 Hi3861 芯片的 ADC4（与 GPIO09 复用引脚）通道连接。当光照强度低时 R12 阻值较大，PHO_RES 电压较高。相反，当光照强度高时，R12 阻值较小，PHO_RES 电压较低。

在炫彩灯板上，与光敏电阻相关的电路是开关输出电路，在有光时 PHO_RES 输出低电平，在无光时 PHO_RES 输出高电平（修改电路原理图上对应硬件的连接关系，可以实现通过 ADC 通道采集 PHO_RES 的电压变化，从而感知环境的光照强度，感兴趣的读者可以自行尝试）。

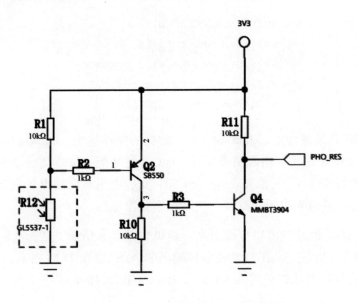

图 3-5

3.1.3 通过光敏电阻感知环境光

在图 3-5 中，PHO_RES 的电压会跟随环境光变化，PHO_RES 和 ADC4 通道连接，通过采集 ADC4 通道的 ADC 值即可感知环境光变化。关键代码如下：

```
#define SENSOR_CHAN_NAME WIFI_IOT_ADC_CHANNEL_4

if (AdcRead(SENSOR_CHAN_NAME, &value, WIFI_IOT_ADC_EQU_MODEL_4,
```

```
        WIFI_IOT_ADC_CUR_BAIS_DEFAULT, 0) == WIFI_IOT_SUCCESS) {
printf("ADC_VALUE = %d\n", (unsigned int)value);
usleep(10000);
}
```

第 1 行代码定义了光敏传感器的采集通道为 WIFI_IOT_ADC_CHANNEL_4，表示 ADC 通道 4，WIFI_IOT_ADC_CHANNEL_4 在 wifiiot_adc.h 中定义。

第 2 行代码使用 AdcRead 接口读取 WIFI_IOT_ADC_CHANNEL_4 的 ADC 值，转换结果保存在 data 中。AdcRead 定义在 wifiiot_adc.c 中，AdcRead 接口有 5 个入参，具体见以下代码：

```
unsigned int AdcRead(WifiIotAdcChannelIndex channel,
                     unsigned short *data,
                     WifiIotAdcEquModelSel equModel,
                     WifiIotAdcCurBais curBais,
                     unsigned short rstCnt)
```

channel 是采集通道，data 是 ADC 数据的保存地址，equModel 是平均算法模式，curBais 是模拟电源基准模式，rstCnt 是从配置采样到启动采样的延时时间，单位是 334ns，其值需在 0～0xFF0。光敏电阻对应的电压采集使用的是 ADC4 通道，采用 4 次平均滤波，自动识别基准电压。

测试 ADC 值通过串口打印出来，结果如图 3-6 所示。在无光时串口输出的 ADC 值在 123 左右，在有光时串口输出的 ADC 值在 1825 左右。由 ADC 值计算对应的引脚电压的公式为 Value=voltage/4/1.8×4096。

```
ADC_VALUE = 144
ADC_VALUE = 144
ADC_VALUE = 147
ADC_VALUE = 148
ADC_VALUE = 150
ADC_VALUE = 154
ADC_VALUE = 156
ADC_VALUE = 158
ADC_VALUE = 172
ADC_VALUE = 261
ADC_VALUE = 1779
ADC_VALUE = 1802
ADC_VALUE = 1801
ADC_VALUE = 1802
ADC_VALUE = 1800
ADC_VALUE = 1800
ADC_VALUE = 1801
```

图 3-6

3.1.4　通过人体红外传感器感知人员靠近

采集人体红外传感器对应引脚电压和采集光敏电阻对应引脚电压的原理相同。在炫彩灯板上，与人体红外传感器相关的电路原理如图 3-3 所示。

炫彩灯板上搭载的人体红外传感器的型号为 AS312，该传感器是数字式输出的，当检测到有人靠近传感器时，REL 电压输出高电平，反之，输出低电平。我们可以根据 IO 电平状态判断是否有人靠近，本节通过读取 ADC 值的变化，感知人靠近传感器（也可以直接通过 GPIO 功能读取电平状态，感兴趣的读者可以自行实验）。

人体红外传感器的输出引脚（REL）与 Hi3861 芯片的 ADC3 通道连接，通过 ADC3 通道采集人体红外传感器 REL 引脚的电压，关键代码如下：

```
#define SENSOR_CHAN_NAME WIFI_IOT_ADC_CHANNEL_3

if (AdcRead(SENSOR_CHAN_NAME, &value, WIFI_IOT_ADC_EQU_MODEL_4,
        WIFI_IOT_ADC_CUR_BAIS_DEFAULT, 0) == WIFI_IOT_SUCCESS) {
    printf("ADC_VALUE = %d\n", (unsigned int)value);
    usleep(10000);
}
```

上面的代码和 3.1.3 节中一样，都是调用 AdcRead 接口，此处的 ADC 采集通道改为 WIFI_IOT_ADC_CHANNEL_3，代码分析可参考 3.1.3 节。

3.1.5　传感器状态控制三色 LED 灯的颜色

本节将会展示如何使用与 ADC 和 PWM 相关的 API，实现通过传感器状态改变三色 LED 灯的颜色。通过人体红外传感器和光敏电阻状态来控制 LED 灯的颜色，先获取传感器的 ADC 值，然后根据不同的 ADC 值，给 BLUE/GREEN/RED 三路不同电平，调节三色 LED 灯的不同颜色。通过读取传感器的 ADC 值控制 LED 灯颜色的关键代码如下：

```
#define ADC_MAX 4096
#define PWM_FREQ 64000
```

```
static void CorlorfulLightTask(void *arg)
{
    IoSetFunc(RED_LED_PIN_NAME, WIFI_IOT_IO_FUNC_GPIO_10_PWM1_OUT);
    IoSetFunc(GREEN_LED_PIN_NAME, WIFI_IOT_IO_FUNC_GPIO_11_PWM2_OUT);
    IoSetFunc(BLUE_LED_PIN_NAME, WIFI_IOT_IO_FUNC_GPIO_12_PWM3_OUT);

    PwmInit(WIFI_IOT_PWM_PORT_PWM1); // R
    PwmInit(WIFI_IOT_PWM_PORT_PWM2); // G
    PwmInit(WIFI_IOT_PWM_PORT_PWM3); // B

    while (1) {
        for (size_t i = 0; i < sizeof(chan)/sizeof(chan[0]); i++) {
        if (AdcRead(chan[i], &data[i], WIFI_IOT_ADC_EQU_MODEL_4,
                WIFI_IOT_ADC_CUR_BAIS_DEFAULT, 0) == WIFI_IOT_SUCCESS) {
            duty[i] = PWM_FREQ * (unsigned int)data[i] / ADC_MAX;
        }
        PwmStart(port[i], duty[i], PWM_FREQ);
        usleep(10000);
        PwmStop(port[i]);
        }
    }
}
```

第 1 行代码定义 ADC 值的分辨率等级为 4096 级。第 2 行代码定义 PWM 分频倍数为 64 000，再配置 GPIO10、GPIO11、GPIO12 引脚为 PWM 输出（PWM 配置见第 2 章）。第 16 行～第 18 行代码通过 AdcRead 读取 ADC4 通道的 ADC 值，并保存在数组 data[i] 中，再通过 data[i] 计算出占空比保存在 duty[i] 中。ADC 值 data[i] 与 PWM 占空比 duty[i] 成正比关系。第 20 行代码使用 duty 值来调整 PWM 输出占空比。

实验现象：当人体红外传感器检测到有人体信号时，ADC3 通道的数值变化，三色 LED 灯的红色变化。光线变化引发光敏电阻变化，使 ADC4 通道的数值变化，三色 LED 灯的绿色变化。当人体红外传感器和光敏电阻同时变化时，LED 灯会产生红和绿两种颜色的混合光。

3.1.6　使用 ADC 值区分同一个引脚上的不同按键

Wi-Fi IoT 开发套件上的 USER 键和 OLED 显示屏板上的 S1、S2 键的外观及位置如图 3-7 所示。

图 3-7

ADC 转换值的计算方法为 Value=voltage/4/1.8×4096，USER 键和 S1、S2 键的电路如图 3-8 所示。

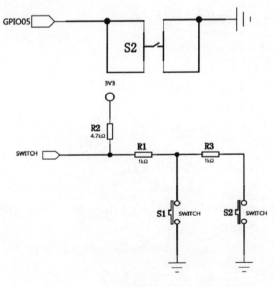

图 3-8

由电路原理图可知，USER 键、S1 键和 S2 键都接在 ADC2（GPIO05 复用）通道，但当不同的键被按下时，ADC2 引脚上的电压不同。因此，我们可以通过采集 ADC2 通道的值，再计算出相应的引脚电压，进而区分具体是哪个按键被按下了。

根据电路原理图和 Hi3861 芯片的 ADC 值与引脚电压计算公式，按键、电压与 ADC 值的关系见表 3-2。

表 3-2

按键描述	电压下限（V）	电压上限（V）	ADC 值下限	ADC 值上限
主控板 USER 按键	0.01	0.4	5	228
OLED 显示屏板上的 S1 按键	0.4	0.8	228	455
OLED 显示屏板上的 S2 按键	0.8	1.2	455	682
无按键被按下	2.5	3.2	1422	1820

按键 ADC 值的获取可以通过两种方式：轮询方式和中断方式。

1. 轮询方式

轮询方式可以通过调用内核接口创建任务或创建软定时器来实现。

（1）创建任务方式的参考代码如下：

```
{   /* thread task int */

osThreadAttr_t attr = {0};
osThreadId_t task;
attr.name = "button_task";
attr.stack_size = 1024;
attr.priority = osPriorityNormal;

task = osThreadNew((osThreadFunc_t)button_thread_task, NULL, &attr);
if (task == NULL) {
    printf("[%s] falied to create button task!\r\n", __FUNCTION__);
    return;
} else {
```

```
    button.task = task;
    }
}

static void button_thread_task(void* parameter)
{
    (void)parameter;
    button_adc_get();
    button_pressed_check();
    usleep(100);
}
```

在任务中主要完成 ADC 值获取和通过 ADC 值判断按键两件事情：

① 调用 ADC 读接口获取 ADC 值，判断 ADC 值在哪一个按键的范围内。

② 区分当前有哪一个按键被按下或无按键被按下。

一定要注意在任务中要加休眠时间，否则其他任务不能得到调度。任务休眠时间就是按键的采集周期，可以根据产品对按键的响应灵敏度来设置。

（2）创建软定时器方式的参考代码如下：

```
{   /* button timer int */

    osTimerId_t timer;
    UINT32 value=0xffff;

    timer = osTimerNew ((osTimerFunc_t)button_timer_handler,
osTimerPeriodic, &value,
                    NULL);
    if (timer == NULL) {
        printf("[%s] falied to create button timer!\r\n", __FUNCTION__);
        return;
    }
    else {
        button.timer = timer;
    }
```

```
osTimerStart(button.timer,
BUTTON_TIMER_TIMEOUT/KERNEL_SYTEM_TICK);
}

static void button_timer_handler(void* parameter)
{
    button_adc_get();
    button_pressed_check();
}
```

在软定时器中断处理中所要做的事情与创建任务方式一致，不同的是进入方式是软定时器中断方式。

2. 中断方式

Hi3861 芯片的相应引脚在作为 ADC 通道使用时，GPIO 中断依然能够触发。因此，可以先将 GPIO05 对应的引脚设置为 ADC2 功能，再将 GPIO05 中断注册为采集 ADC2 值并区分按键的函数，最后再启用 GPIO05 中断。当有按键被按下时，触发 CPU 进入 GPIO05 中断，进而通过采集 ADC2 值来区分按键。

一般来说，中断处理分为中断上半部和中断下半部。中断上半部为中断服务函数，在该函数中不建议处理具体业务，只通过系统同步机制（这里通过消息队列机制）通知按键处理任务即可；中断下半部实现具体业务，在具体任务中可以通过阻塞的方式读消息队列，在有消息过来后，读 ADC 值和判别按键，若没有消息，任务则被挂起，不占用 CPU 资源。参考代码如下：

```
static void key234_isr_handler(char *arg)
{
    static enum button_id btn_record;
    AdcRead(WIFI_IOT_ADC_CHANNEL_2, &data, WIFI_IOT_ADC_EQU_MODEL_4,
    WIFI_IOT_ADC_CUR_BAIS_DEFAULT, 0);
    if ( (data > keyadc[KEY2].min) && (data < keyadc[KEY2].max)) {
        button_status_callback(KEY2_BUTTON, ACT_DOWN);
        btn_record = KEY2_BUTTON;
    }
```

```
    else if ( (data > keyadc[KEY3].min) && (data < keyadc[KEY3].max))
{
        button_status_callback(KEY3_BUTTON, ACT_DOWN);
        btn_record = KEY3_BUTTON;
    }
    else if ( (data > keyadc[KEY4].min) && (data < keyadc[KEY4].max))
{
        button_status_callback(KEY4_BUTTON, ACT_DOWN);
        btn_record = KEY4_BUTTON;
    }
    if ( data > keyadc[NO_KEY].min) {
         button_status_callback(btn_record, ACT_UP);
        GpioRegisterIsrFunc(KEY2_GPIO_ID, WIFI_IOT_INT_TYPE_EDGE,
        WIFI_IOT_GPIO_EDGE_FALL_LEVEL_LOW, key234_isr_handler, NULL);
    }
    else{
        GpioRegisterIsrFunc(KEY2_GPIO_ID, WIFI_IOT_INT_TYPE_EDGE,
        WIFI_IOT_GPIO_EDGE_RISE_LEVEL_HIGH, key234_isr_handler, NULL);
    }
}
    /* button queue int */
    osMessageQueueId_t msgq;
    msgq = osMessageQueueNew(MSGQUE_COUNT, MSG_SIZE, NULL);
    if (msgq == NULL) {
        printf("[%s] falied to create button queue!\r\n", __FUNCTION__);
        return;
    } else {
        button.msgq = msgq;
    }
}


void button_status_callback(enum button_id id, enum button_action act)
{
    union button_msg msg;
```

```
UINT32 rst;
DEBUG_MSG("[%s] send button:%d act:%d.\r\n", __FUNCTION__, id, act);
msg.msg.act = act;
msg.msg.id = id;

rst = osMessageQueuePut(button.msgq, &msg.value, 0, 0);
if (rst != LOS_OK) {
    printf("[%s] falied to put queue, lost a button action!\r\n",
__FUNCTION__);
    }
}


static void button_thread_task(void* parameter)
{
    union button_msg msg;
    while (1)
    {
        if (osMessageQueueGet(button.msgq, &msg.value, 0,
LOS_WAIT_FOREVER) == LOS_OK) {
            button_pressed_check();
        }
    }
}
```

3.2 其他ADC传感器的使用

3.2.1 与环境检测板 MQ-2 相关的原理图说明

MQ-2 可燃气体传感器的输出方式是模拟信号，输出接口电路如图 3-9 所示。Wi-Fi IoT 开发套件使用 ADC5（GPIO11 复用）通道采集 MQ-2 传感器电压，传感器输出和底板连接关系如图 3-10 所示。

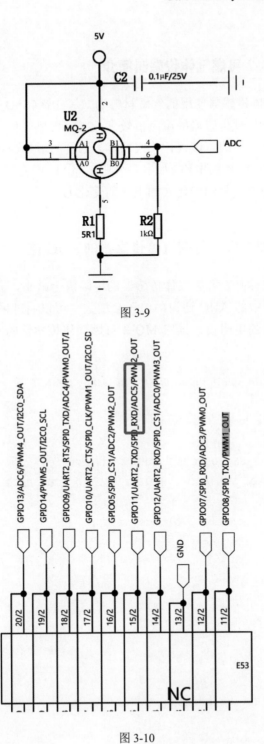

图 3-9

图 3-10

3.2.2 MQ-2 可燃气体传感器简介

MQ-2 可燃气体传感器使用的气敏材料为二氧化锡（SnO_2）。在清洁空气中，它的电导率较低，此时传感器的电阻值较高；在有可燃气体（或烟雾）的环境中，电导率随着空气中的可燃气体（或烟雾）浓度的增加而增大，此时传感器的电阻值减小。通过简单的电路（如串联分压电路）即可将环境中可燃气体（或烟雾）浓度转换为电信号的变化（如电压的变化）。

3.2.3 读取 MQ-2 可燃气体传感器的 ADC 值

当遇到可燃气体时，可燃气体传感器的电阻值会减小，气体的浓度越大电阻值越小，图 3-9 中的 ADC 通道的电压会增大，可以通过采集 ADC5 通道的电压来计算传感器的电阻值。读取 MQ-2 可燃气体传感器的 ADC 值的关键代码如下：

```
#define GAS_SENSOR_CHAN_NAME WIFI_IOT_ADC_CHANNEL_5

static void EnvironmentTask(void *arg)
{
    if(AdcRead(GAS_SENSOR_CHAN_NAME,&data,
        WIFI_IOT_ADC_EQU_MODEL_4,WIFI_IOT_ADC_CUR_BAIS_DEFAULT, 0) ==
WIFI_IOT_SUCCESS) {
        float Vx = ConvertToVoltage(data);
        gasSensorResistance = 5 / Vx- 1;
    }
}

static void EnvironmentDemo(void)
{
    osThreadAttr_t attr;

    attr.name = "EnvironmentTask";
    attr.attr_bits = 0U;
    attr.cb_mem = NULL;
```

```
attr.cb_size = 0U;
attr.stack_mem = NULL;
attr.stack_size = 4096;
attr.priority = osPriorityNormal;

if (osThreadNew(EnvironmentTask, NULL, &attr) == NULL) {
    printf("[EnvironmentDemo] Falied to create EnvironmentTask!\n");
}
}


APP_FEATURE_INIT(EnvironmentDemo);
```

第 1 行代码定义了 MQ-2 可燃气体传感器的采集通道为 WIFI_IOT_ADC_CHANNEL_5。第 5 行代码调用 AdcRead 读取传感器的 ADC 值并保存在 data 地址中。第 8 行代码调用 ConvertToVoltage 计算出 ADC 电压，进而计算出传感器的当前电阻值，然后计算出该电阻值和洁净空气的电阻值的比值，就可以知道当前是否有可燃气体。倒数第 6 行代码通过 osThreadNew 函数创建一个线程。最后一行代码调用 APP_FEATURE_INIT(EnvironmentDemo)注册 EnvironmentDemo 到应用程序中。

3.3　使用I2C接口获取数字温湿度传感器的状态

温湿度可能是我们在生活中打交道最多的两个物理量，与生产、物流、居住、娱乐的过程都息息相关。如果我们想提高生产质量和效率，或想提高生活和工作的环境舒适度，对温湿度的准确采集就十分基础和重要。

本章将基于 HarmonyOS 和 Wi-Fi IoT 开发套件，讲解如何使用 I2C 接口获取数字温湿度传感器的状态。

3.3.1　HarmonyOS IoT 硬件的 I2C 接口

本节所介绍的 AHT20 数字温湿度传感器采用了 I2C 接口，我们先来了解一下 I2C 接口。

1. I2C简介

I2C（Inter-Integrated Circuit），即集成电路，也简写作 IIC 或者 I²C。I2C 总线协议是嵌入式系统中常见的总线协议之一，具有硬件实现简单、可扩展性强的特点。

I2C 总线包含两根信号线，分别是 SDA（串行数据线）和 SCL（串行时钟线）。这两根信号线都是双向 I/O 线，通信方向为半双工。图 3-11 为 I2C 总线的连接示意图。

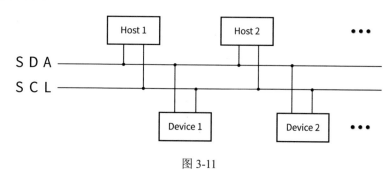

图 3-11

2. HarmonyOS所提供的I2C接口

在 HarmonyOS 中，提供了 IoT 硬件的 I2C 标准接口。

在 base/iot_hardware/interfaces 目录中找到 wifiiot_i2c.h 文件，这个文件就是 HarmonyOS 提供的 I2C 接口的头文件，相关的接口函数如表 3-3 所示。

表 3-3

HarmonyOS 中的 I2C 接口函数	说明
I2cInit (WifiIotI2cIdx id, unsigned int baudrate)	用指定的波特率初始化 I2C 设备
I2cDeinit (WifiIotI2cIdx id)	取消初始化 I2C 设备
I2cWrite (WifiIotI2cIdx id, unsigned short deviceAddr, const WifiIotI2cData *i2cData)	将数据写入 I2C 设备
I2cRead (WifiIotI2cIdx id, unsigned short deviceAddr, const WifiIotI2cData *i2cData)	从 I2C 设备中读取数据
I2cWriteread (WifiIotI2cIdx id, unsigned short deviceAddr, const WifiIotI2cData *i2cData)	向 I2C 设备发送数据并接收数据响应
I2cRegisterResetBusFunc (WifiIotI2cIdx id, WifiIotI2cFunc pfn)	注册 I2C 设备回调
I2cSetBaudrate (WifiIotI2cIdx id, unsigned int baudrate)	设置 I2C 设备的波特率

我们主要使用 I2cInit、I2cWrite、I2cRead 这三个接口实现本节所需的功能。

详细用法如下：

```
unsigned int I2cInit (WifiIotI2cIdx id, unsigned int baudrate)
```

功能：用指定的波特率初始化 I2C 设备。

第一个参数 id：指定 I2C 设备 ID。

第二个参数 baudrate：指定要设置的波特率。

返回值：成功或者错误码。

```
unsigned int I2cWrite (WifiIotI2cIdx id, unsigned short deviceAddr,
  const WifiIotI2cData * i2cData )
```

功能：将数据写入 I2C 设备。

第一个参数 id：指定要写入的 I2C 设备 ID。

第二个参数 deviceAddr：指定要写入的设备地址。

第三个参数 i2cData：指定要写入数据的描述指针，也就是写的内容。

返回值：成功或者错误码。

```
unsigned int I2cRead (WifiIotI2cIdx id, unsigned short deviceAddr, const
WifiIotI2cData * i2cData )
```

功能：从 I2C 设备中读取数据。

第一个参数 id：表示即将读取的 I2C 设备 ID。

第二个参数 deviceAddr：指示 I2C 设备地址。

第三个参数 i2cData：指示要读取的数据描述符的指针，用于返回数据内容。

返回值：成功或者错误码。

3.3.2 AHT20 数字温湿度传感器简介

本套件中采用的 AHT20 数字温湿度传感器是广州奥松电子有限公司生产的最新型号的数字温湿度传感器，具有尺寸小、性能可靠、响应迅速、抗干扰能力强、完全标定、I2C 数字接口等特点。

与模拟传感器相比，数字温湿度传感器可以输出经过标定的标准 I2C 格式的数字信号，大大地简化了电路设计，并免去了自行标定的麻烦，使用起来非常方便。

AHT20 数字温湿度传感器的芯片封装：采用双列扁平无引脚表面贴装器件（Surface Mounted Devices，SMD）封装，底面尺寸为 3mm×3mm，高度为 1.0mm，详见图 3-12。

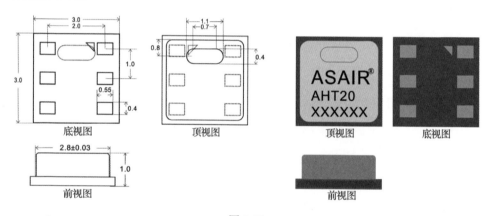

图 3-12

AHT20 数字温湿度传感器的技术参数见表 3-4。

表 3-4

供电电压	DC：2.0～5.5V
测量范围（湿度）	0～100%RH
测量范围（温度）	−40～+85℃
湿度精度	±2%RH（25℃）
温度精度	±0.3℃
分辨率	温度：0.01℃，湿度：0.024%RH
输出信号	I2C 信号

3.3.3　环境检测板上与 AHT20 数字温湿度传感器相关的原理图说明

在 Wi-Fi IoT 开发套件的环境检测板上搭载了一个 AHT20 数字温湿度传感器，其原理图如图 3-13 所示。

从图 3-13 中可以看到，得益于数字温湿度传感器的高集成度，其外围电路设计得十分简单。外围电路通过 AHT20 数字温湿度传感器的 VDD 和 GND 引脚向其供电，再将其 SDA 和 SCL 引脚上拉，并通过扩展板插座和底板连接到主控芯片上。

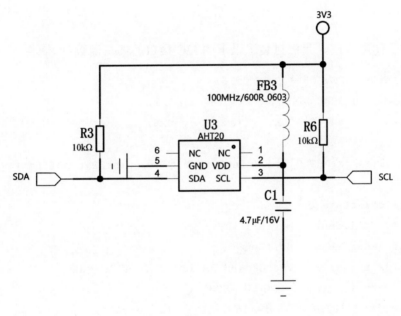

图 3-13

主控芯片 Hi3681 的硬件 I2C 有两个，分别是 I2C0 和 I2C1。在环境监测板上，AHT20 数字温湿度传感器使用的是 Hi3681 的 I2C0，其引脚的对应关系如下：

（1）GPIO13 对应 I2C0_SDA。

（2）GPIO14 对应 I2C0_SCL。

3.3.4　实现 AHT20 数字温湿度传感器驱动库

AHT20 数字温湿度传感器采用标准的 I2C 协议,所以首先需要配置好 I2C 接口,然后按照 AHT20 官方手册中的使用流程去读写数据。

直接调用 I2cInit 接口即可配置 I2C 接口。

```
#define AHT20_BAUDRATE 400*1000
#define AHT20_I2C_IDX WIFI_IOT_I2C_IDX_0

I2cInit(AHT20_I2C_IDX, AHT20_BAUDRATE);
```

为了使用方便,我们封装了以下的 I2C 接口的读写函数:

```
#define AHT20_DEVICE_ADDR   0x38
#define AHT20_READ_ADDR     ((0x38<<1)|0x1)
#define AHT20_WRITE_ADDR    ((0x38<<1)|0x0)

static uint32_t AHT20_Read(uint8_t* buffer, uint32_t buffLen)
{
    WifiIotI2cData data = { 0 };
    data.receiveBuf = buffer;
    data.receiveLen = buffLen;
    uint32_t retval = I2cRead(AHT20_I2C_IDX, AHT20_READ_ADDR, &data);
    if (retval != WIFI_IOT_SUCCESS) {
        printf("I2cRead() failed, %0X!\n", retval);
        return retval;
    }
    return WIFI_IOT_SUCCESS;
}

static uint32_t AHT20_Write(uint8_t* buffer, uint32_t buffLen)
{
    WifiIotI2cData data = { 0 };
    data.sendBuf = buffer;
```

```
data.sendLen = buffLen;
uint32_t retval = I2cWrite(AHT20_I2C_IDX, AHT20_WRITE_ADDR, &data);
if (retval != WIFI_IOT_SUCCESS) {
    printf("I2cWrite(%02X) failed, %0X!\n", buffer[0], retval);
    return retval;
}
return WIFI_IOT_SUCCESS;
}
```

AHT20 数字温湿度传感器采用写入字节作为命令的方式，实现测量所需的功能。AHT20 数字温湿度传感器常用的命令见表 3-5。

表 3-5

命令	字节	功能说明
初始化（校准）命令	0xBE	初始化传感器并进行校准
触发测量命令	0xAC	触发采集后，传感器在采集时需要 75ms 完成采集
软复位命令	0xBA	用于在无须关闭和再次打开电源的情况下，重新启动传感器系统
获取状态命令	0x71	该命令的回复有如下两种情况： ① 在初始化后触发测量之前，STATUS 只回复 1B 状态值； ② 在触发测量之后，STATUS 回复 6B：1B 状态值 + 2B 湿度 + 4b 湿度 + 4b 温度 + 2B 温度

AHT20 数字温湿度传感器的读取流程如下：

（1）上电后，等待 40ms。在读取温湿度数据前，首先发送获取状态命令（0x71），获取一个字节的状态字。如果状态字的校准使能位（Bit[3]）不为 1，那么需要发送初始化命令校准设备。初始化命令（0xBE）的参数有两个字节，分别为 0x08 和 0x00。

（2）发送触发测量命令（0xAC），该命令的参数有两个字节，分别为 0x33 和 0x00。

（3）等待 75ms，待测量完成。在测量完成后，通过发送获取状态命令（0X71）获取状态，如果状态字的忙闲指示位（Bit[7]）为 1，代表仍需等待，当读取到状态字的 Bit[7] 为 0 时，就可以继续读取 5 个字节的温湿度数据了。

（4）通过计算公式，使用读取到的温湿度数据，计算出温湿度值。

我们先将上述命令和流程中的时间用宏预定义一下，以便后续使用：

```
#define AHT20_STARTUP_TIME      20*1000  // 上电启动时间
#define AHT20_CALIBRATION_TIME  40*1000  // 初始化（校准）时间
#define AHT20_MEASURE_TIME      75*1000  // 测量时间

#define AHT20_DEVICE_ADDR   0x38
#define AHT20_READ_ADDR     ((0x38<<1)|0x1)
#define AHT20_WRITE_ADDR    ((0x38<<1)|0x0)

#define AHT20_CMD_CALIBRATION       0xBE  // 初始化（校准）命令
#define AHT20_CMD_CALIBRATION_ARG0  0x08
#define AHT20_CMD_CALIBRATION_ARG1  0x00

#define AHT20_CMD_TRIGGER       0xAC  // 触发测量命令
#define AHT20_CMD_TRIGGER_ARG0  0x33
#define AHT20_CMD_TRIGGER_ARG1  0x00

#define AHT20_CMD_RESET         0xBA  // 软复位命令

#define AHT20_CMD_STATUS        0x71  // 获取状态命令
```

将这些命令写成函数接口，代码如下：

```
// 发送获取状态命令
static uint32_t AHT20_StatusCommand(void)
{
    uint8_t statusCmd[] = { AHT20_CMD_STATUS };
    return AHT20_Write(statusCmd, sizeof(statusCmd));
}

// 发送软复位命令
static uint32_t AHT20_ResetCommand(void)
{
    uint8_t resetCmd[] = {AHT20_CMD_RESET};
    return AHT20_Write(resetCmd, sizeof(resetCmd));
}
```

// 发送初始化校准命令

```
static uint32_t AHT20_CalibrateCommand(void)
{
    uint8_t clibrateCmd[] = {AHT20_CMD_CALIBRATION,
            AHT20_CMD_CALIBRATION_ARG0, AHT20_CMD_CALIBRATION_ARG1};
    return AHT20_Write(clibrateCmd, sizeof(clibrateCmd));
}
```

// 发送触发测量命令，开始测量

```
uint32_t AHT20_StartMeasure(void)
{
    uint8_t triggerCmd[] = {AHT20_CMD_TRIGGER,
            AHT20_CMD_TRIGGER_ARG0, AHT20_CMD_TRIGGER_ARG1};
    return AHT20_Write(triggerCmd, sizeof(triggerCmd));
}
```

这样，AHT20 数字温湿度传感器驱动库的命令接口就编写完成了。

3.3.5　获取 AHT20 数字温湿度传感器的值

读取温湿度值是通过发送获取状态命令（0x71）完成的，在发出（0x71）命令后，读取到的第一个字节为传感器的状态字。状态字的意义见表 3-6。

表 3-6

状态字	意义	描述
Bit[7]	忙闲指示（Busy Indication）位	1—设备忙，处于测量状态； 0—设备闲，处于休眠状态，测量完成
Bit[6:5]	当前工作模式（Mode Status）	00—当前处于 NOR 模式； 01—当前处于 CYC 模式； 1X—当前处于 CMD 模式
Bit[4]	保留	保留
Bit[3]	校准使能（CAL Enable）位	1—已校准；0—未校准
Bit[2：0]	保留	保留

此时，需要先判断校准使能位 Bit[3]及忙闲指示位 Bit[7]的值。

若校准使能位 Bit[3]为 1，则表示已校准；否则，需要发送 0xBE 初始化命令进行校准。

若忙闲指示位 Bit[7]为 0，则表示测量完成；若忙闲指示位为 1，则表示测量中，仍需等待测量。

所以，当读取到状态 Bit[3]为 1，Bit[7]为 0 时，就可以继续读取后续 5 个字节的温湿度数据。

读取数据的代码如下：

```
#define AHT20_STATUS_BUSY_SHIFT 7        // bit[7] Busy indication
#define AHT20_STATUS_BUSY_MASK  (0x1<<AHT20_STATUS_BUSY_SHIFT)
#define AHT20_STATUS_BUSY(status) ((status & AHT20_STATUS_BUSY_MASK) >>
AHT20_STATUS_BUSY_SHIFT)


uint32_t AHT20_Calibrate(void)
{
    uint32_t retval = 0;
    uint8_t buffer[AHT20_STATUS_RESPONSE_MAX] = { AHT20_CMD_STATUS };
    memset(&buffer, 0x0, sizeof(buffer));

    retval = AHT20_StatusCommand();
    if (retval != WIFI_IOT_SUCCESS) {
        return retval;
    }

    retval = AHT20_Read(buffer, sizeof(buffer));
    if (retval != WIFI_IOT_SUCCESS) {
        return retval;
    }

    if (AHT20_STATUS_BUSY(buffer[0]) || !AHT20_STATUS_CALI(buffer[0]))
{
        retval = AHT20_ResetCommand();
        if (retval != WIFI_IOT_SUCCESS) {
            return retval;
```

```
    }
    usleep(AHT20_STARTUP_TIME);
    retval = AHT20_CalibrateCommand();
    usleep(AHT20_CALIBRATION_TIME);
    return retval;
}


return WIFI_IOT_SUCCESS;
}
```

通过获取状态命令，共读到 6 个字节的数据，其结构如图 3-14 所示。

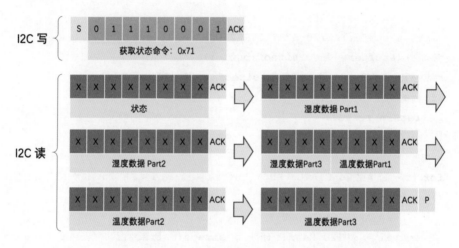

图 3-14

由图 3-14 可知，拼接第 2、3 个字节和第 4 个字节前四位即可得到湿度数据 SRH，拼接第 4 个字节后 4 位和第 5、6 个字节即可得到温度数据 ST。

通过以下公式可以分别计算得到温湿度值（公式来自 AHT20 数字温湿度传感器的数据手册）：

湿度计算公式（计算结果为百分数）：

$$RH = \left(\frac{SRH}{2^{20}} \right) \times 100\%$$

温度计算公式（计算结果的单位为℃）：

$$T = \left(\frac{ST}{2^{20}}\right) \times 200 - 50$$

根据上述方法，即可计算出温湿度值，具体代码如下：

```
// 接收测量结果，将其拼接转换为标准值
uint32_t AHT20_GetMeasureResult(float* temp, float* humi)
{
    uint32_t retval = 0, i = 0;
    if (temp == NULL || humi == NULL) {
        return WIFI_IOT_FAILURE;
    }

    uint8_t buffer[AHT20_STATUS_RESPONSE_MAX] = { 0 };
    memset(&buffer, 0x0, sizeof(buffer));
    retval = AHT20_Read(buffer, sizeof(buffer));   // recv command result
    if (retval != WIFI_IOT_SUCCESS) {
        return retval;
    }

    for (i = 0; AHT20_STATUS_BUSY(buffer[0]) && i < AHT20_MAX_RETRY; i++)
    {
        usleep(AHT20_MEASURE_TIME);
        retval = AHT20_Read(buffer, sizeof(buffer)); // recv command
result
        if (retval != WIFI_IOT_SUCCESS) {
            return retval;
        }
    }
    if (i >= AHT20_MAX_RETRY) {
        printf("AHT20 device always busy!\r\n");
        return WIFI_IOT_FAILURE;
    }

    uint32_t humiRaw = buffer[1];
    humiRaw = (humiRaw << 8) | buffer[2];
    humiRaw = (humiRaw << 4) | ((buffer[3] & 0xF0) >> 4);
```

```
*humi = humiRaw / (float)AHT20_RESLUTION * 100;

uint32_t tempRaw = buffer[3] & 0x0F;
tempRaw = (tempRaw << 8) | buffer[4];
tempRaw = (tempRaw << 8) | buffer[5];
*temp = tempRaw / (float)AHT20_RESLUTION * 200- 50;
return WIFI_IOT_SUCCESS;
}
```

有了上述驱动实现后，需要测量温度的应用程序直接调用上述接口，就可以完成对温湿度数据的采集。

实例代码如下：

```
#define AHT20_BAUDRATE 400*1000
#define AHT20_I2C_IDX WIFI_IOT_I2C_IDX_0

static void EnvironmentTask(void *arg)
{
    (void)arg;
    uint32_t retval = 0;
    float humidity = 0.0f;
    float temperature = 0.0f;
    float gasSensorResistance = 0.0f;
    I2cInit(AHT20_I2C_IDX, AHT20_BAUDRATE);

    while (WIFI_IOT_SUCCESS != AHT20_Calibrate()) {
        printf("AHT20 sensor init failed!\r\n");
        usleep(1000);
    }

    while(1) {
        retval = AHT20_StartMeasure();
        if (retval != WIFI_IOT_SUCCESS) {
            printf("trigger measure failed!\r\n");
        }
```

```
    retval = AHT20_GetMeasureResult(&temperature, &humidity);
    if (retval != WIFI_IOT_SUCCESS) {
        printf("get humidity data failed!\r\n");
    }

    printf("temp: %.2f", temperature);
    OledShowString(0, 1, line, 1);

    printf("humi: %.2f", humidity);
    sleep(1);
    }
}
```

　　至此，我们成功地完成了数字温湿度传感器的使用。在代码中，我们通过 printf 接口将温湿度值打印了出来。在后续章节中，我们会继续学习 OLED 显示、Wi-Fi 通信。当你掌握了那些内容后就可以使用 Wi-Fi IoT 开发套件制作一款可以显示和联网的智能温湿度传感器了。

第 4 章

OLED 显示屏的驱动和控制

4.1 使用HarmonyOS驱动OLED显示屏

4.1.1 OLED 简介

OLED,即有机发光二极管(Organic Light Emitting Diode)。OLED 显示屏同时具备自发光、视角广、厚度薄、对比度高、构造简单、反应速度快、可用于挠曲性面板、使用温度范围广等优异特性。

由于技术和成本的原因,OLED 显示屏曾经主要应用在小型智能设备中,如智能手环。随着 OLED 显示屏技术越来越成熟,OLED 显示屏目前已经成为各大品牌手机的标配。不同于液晶显示器(Liquid Crystal Display,LCD),OLED显示屏发光不需要背光板,屏幕的每个像素都是自动发光的,因此 OLED 显示屏比 LCD 显示屏更轻薄。

本书配套使用的 Wi-Fi IoT 开发套件搭载的是 0.96 寸的 OLED 显示屏,该显示屏有以下特点：0.96 寸 OLED 模块采用 SSD1306 驱动芯片，分辨率为 128 像素×64 像素。通信接口为 I2C，地址为 0x78，模块内带有稳压芯片，支持 3.3～5V 电压供电。

OLED 显示屏的外观如图 4-1 所示。

图 4-1

4.1.2 OLED 显示屏的原理图

Wi-Fi IoT 开发套件的 SSD1306 驱动芯片通过 I2C 接口和 Hi3861 芯片进行通信。

I2C 接口的两个引脚为 SCL 和 SDA，一个用于控制信号，另一个用于控制数据。OLED 显示屏的相关电路原理图如图 4-2 所示。

确定 OLED 显示屏使用的 I2C 接口所对应的引脚的方法如下：

（1）将开发板翻过来，使 OLED 显示屏朝下。

（2）找到包含 I2C 的标号，如图 4-3 中的引脚 GPIO13、GPIO14，分别对应 I2C0_SDA、I2C0_SCL。

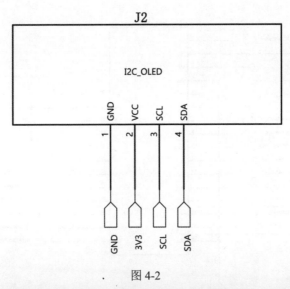

图 4-2

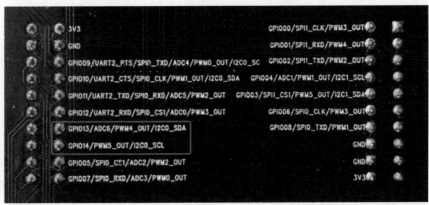

图 4-3

查看 Hi3861 底板原理图,如图 4-4 所示。

综合图 4-2 和图 4-3,可以得到 OLED 显示屏和 Hi3861 芯片之间的硬件连接,见表 4-1。

表 4-1

OLED 显示屏	Hi3861 芯片	备注
SCL	I2C0_SCL	GPIO14
SDA	I2C0_SDA	GPIO13

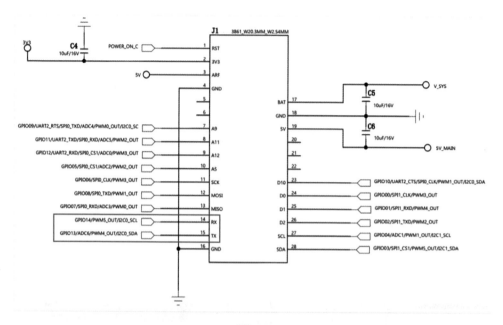

图 4-4

4.1.3 OLED 的初始化

为了开发人员使用方便，很多 OLED 厂家将初始化和一些简单的应用代码都放到了数据手册里。

OLED 的初始化，主要是通过向 SSD1306 驱动芯片发送命令完成的，因此我们首先来了解一下常用的 SSD1306 命令，如表 4-2 所示。

表 4-2

16 进制值	D7	D6	D5	D4	D3	D2	D1	D0	命令名	命令描述
81	1	0	0	0	0	0	0	1	设置对比度	两字节命令，用于设置对比度，对比度的取值范围为 1～256，值越大对比度越大
A[7:0]	A7	A6	A5	A4	A3	A2	A1	A0		
A4/A5	1	0	1	0	0	1	0	X0	整体显示	A4：X0=0，输出恢复显存内容到屏幕；A5：X0=1，整体显示开启，输出忽略显存内容
A6/A7	1	0	1	0	0	1	1	X0	设置正常/反色显示	A6：X0=0，正常显示，0 对应像素熄灭，1 对应像素亮起；A7：X0=1，反色显示，0 对应像素亮起，1 对应像素熄灭
AE/AF	1	0	1	0	1	1	1	X0	设置显示开/关	AE：X0=0，显示关闭（默认状态）；AF：X0=1，显示开启（正常模式）

　　SSD1306 驱动芯片还有很多其他控制命令，这里不再详细介绍，你可以参考 SSD1306 数据手册的相关章节。

　　SSD1306 驱动芯片的典型初始化代码如下：

```c
uint32_t OledInit(void)
{
    static const uint8_t initCmds[] = {
        0xAE, //--display off
        0x00, //---set low column address
        0x10, //---set high column address
        0x40, //--set start line address
        0xB0, //--set page address
        0x81, // contract control
        0xFF, //--128
        0xA1, // set segment remap
        0xA6, //--normal / reverse
        0xA8, //--set multiplex ratio(1 to 64)
        0x3F, //--1/32 duty
        0xC8, // Com scan direction
        0xD3, //-set display offset
        0x00, //
        0xD5, // set osc division
        0x80, //
        0xD8, // set area color mode off
        0x05, //
        0xD9, // Set Pre-Charge Period
        0xF1, //
        0xDA, // set com pin configuartion
        0x12, //
        0xDB, // set Vcomh
        0x30, //
        0x8D, // set charge pump enable
        0x14, //
        0xAF, //--turn on oled panel
    };
```

```
IoSetFunc(WIFI_IOT_IO_NAME_GPIO_13, WIFI_IOT_IO_FUNC_GPIO_13_I2C0_SDA);
IoSetFunc(WIFI_IOT_IO_NAME_GPIO_14, WIFI_IOT_IO_FUNC_GPIO_14_I2C0_SCL);

I2cInit(WIFI_IOT_I2C_IDX_0, OLED_I2C_BAUDRATE);
// I2cSetBaudrate(WIFI_IOT_I2C_IDX_0, OLED_I2C_BAUDRATE);

for (size_t i = 0; i < ARRAY_SIZE(initCmds); i++) {
    uint32_t status = WriteCmd(initCmds[i]);
    if (status != WIFI_IOT_SUCCESS) {
        return status;
    }
}
return WIFI_IOT_SUCCESS;
}
```

初始化 OLED 模块的步骤如下：

（1）将 GPIO13、GPIO14 引脚复用为 I2C0 功能。

（2）调用 I2cInit 接口初始化 Hi3861 I2C0，并设置 I2C0 的传输速率为 400kbit/s。

（3）将 SSD1306 驱动芯片初始化。主要通过 WriteCmd 函数依次向 SSD1306 驱动芯片发送 initCmds 命令。

SSD1306 驱动芯片的典型初始化代码中使用到的命令主要有关闭显示、设置显示模式、设置起始行地址和页地址、设置对比度、开启显示等。

4.1.4 在 OLED 显示屏上绘制画面

在初始化 OLED 之后，如何在屏幕上绘制画面呢？首先，我们需要了解一下 OLED 显示屏的显示原理。

1. OLED显示屏的显示原理

OLED 显示屏本身是没有显存的，它的显存依赖于 SSD1306 驱动芯片提供。SSD1306 驱动芯片内部有一个被称为 GDDRAM（Graphic Display Data

RAM，图像显示数据内存，即通常简称的"显存"）的 SRAM，大小是 128×64 位，被分为 8 个页（Page），用于单色 128×64 点阵显示。当往 SSD1306 驱动芯片的 RAM 中写入数据时，相应的画面就会显示在 OLED 显示屏上。

SSD1306 驱动芯片的显存与屏幕像素的对应关系如图 4-5 所示。

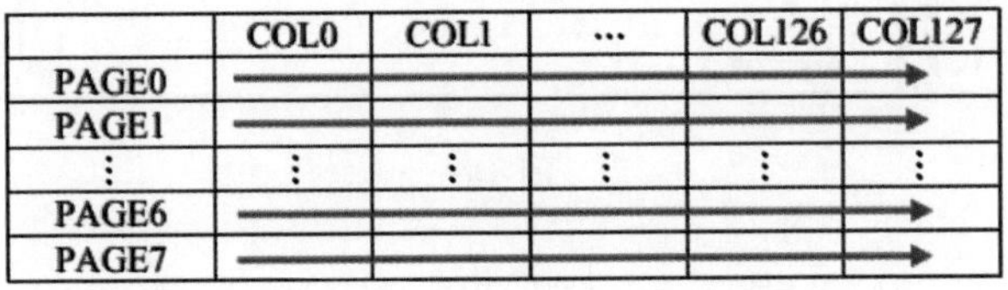

	COL0	COL1	...	COL126	COL127
PAGE0					
PAGE1					
⋮	⋮	⋮	⋮	⋮	⋮
PAGE6					
PAGE7					

图 4-5

COL 的含义是 GDDRAM 列（Column）。

SSD1306 驱动芯片有 3 种内存寻址模式，分别是页寻址模式（Page Addressing Mode）、水平寻址模式（Horizontal Addressing Mode）和垂直寻址模式（Vertical Addressing Mode），分别对应的命令字节为 20h、21h、22h。因为 OLED 显示屏复位之后默认为页寻址模式，所以下面只讲页寻址模式，其他两种模式与页寻址模式的差异就是地址指针的自增方式不一样，详情可以参考 SSD1306 的数据手册。

在页寻址模式下，每当对 RAM 进行读写操作之后，列地址指针会自动+1，直到列地址指针指向列结束地址，会重新指向列开始地址，而且在该模式下，一定要设置新的页面和列地址才能访问下一个页面的内容，所以在设置显示字符之前一般都会调用下面语句来确定显示位置：

```
OLED_WR_Byte (0xb0+i,OLED_CMD);     //设置页地址（0～7）
OLED_WR_Byte (0x00,OLED_CMD);       //设置显示位置——列低地址
OLED_WR_Byte (0x10,OLED_CMD);       //设置显示位置——列高地址
```

在页寻址模式下 GDDRAM 的访问指针设置如图 4-6 所示。

2. 函数功能实现

为了方便演示，在 Hi3861 芯片内部建立一个缓存（共 128×8 个字节），在每次修改的时候，只是修改 Hi3861 芯片上的缓存（实际上就是 SRAM），在修改完缓存之后，一次性把 Hi3861 芯片上的缓存数据写入 OLED 的 GDDRAM。

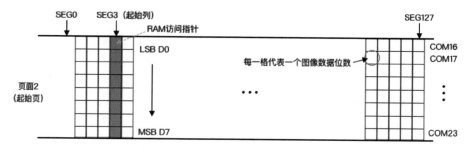

图 4-6

```
static uint8_t SSD1306_Buffer[SSD1306_BUFFER_SIZE];

//Draw one pixel in the screenbuffer
//X => X Coordinate
//Y => Y Coordinate
//color => Pixel color
void ssd1306_DrawPixel(uint8_t x, uint8_t y, SSD1306_COLOR color) {
    if(x >= SSD1306_WIDTH || y >= SSD1306_HEIGHT) {
        // Don't write outside the buffer
        return;
    }

    // Check if pixel should be inverted
    if(SSD1306.Inverted) {
        color = (SSD1306_COLOR)!color;
    }

    // Draw in the right color
    if(color == White) {
        SSD1306_Buffer[x + (y / 8) * SSD1306_WIDTH] |= 1 << (y % 8);
    } else {
        SSD1306_Buffer[x + (y / 8) * SSD1306_WIDTH] &= ~(1 << (y % 8));
    }
}
```

在 OLED 显示屏上绘制 ASCII 字符串

向 OLED 的 GDDRAM 写入 ASCII 字符，就可以实现在屏幕上显示字符串。

1. 主要的API及宏定义

宏定义：

```
//定义两种字模
enum Font {
    FONT6x8 = 1,
    FONT8x16
};
typedef enum Font Font;

#define OLED_I2C_IDX WIFI_IOT_I2C_IDX_0
#define OLED_I2C_ADDR 0x78 *// 默认地址为 0x78*
#define OLED_I2C_CMD 0x00 *// 0000 0000      写命令*
#define OLED_I2C_DATA 0x40 *// 0100 0000(0x40) 写数据*
#define OLED_I2C_BAUDRATE (400*1000) // 400k
 harmonyOS API: wifiiot_i2c.h
unsigned int I2cInit (WifiIotI2cIdx id, unsigned int baudrate);
```

函数说明：用指定的波特率初始化 I2C 设备。

```
unsigned int I2cWrite (WifiIotI2cIdx id, unsigned short deviceAddr,
const WifiIotI2cData * i2cData )
```

函数说明：往一个 I2C 设备中写数据。

第一个参数：指定要写入的 I2C 设备 ID。

第二个参数：指定要写入的设备的地址，也就是往哪里写。

第三个参数：指定要写入数据的描述指针，也就是写的内容。

基于 HarmonyOS I2C 接口的封装：

```
static uint32_t I2cWiteByte(uint8_t regAddr, uint8_t byte)
{
    WifiIotI2cIdx id = OLED_I2C_IDX;
    uint8_t buffer[] = {regAddr, byte};
    WifiIotI2cData i2cData = {0};

    i2cData.sendBuf = buffer;
    i2cData.sendLen = sizeof(buffer)/sizeof(buffer[0]);

    return I2cWrite(id, OLED_I2C_ADDR, &i2cData);
}
```

发送一个命令字节到 SSD1306 驱动芯片：

```
static uint32_t WriteCmd(uint8_t cmd)
{
    return I2cWiteByte(OLED_I2C_CMD, cmd);
}
```

发送一个数据字节到 SSD1306 驱动芯片：

```
static uint32_t WriteData(uint8_t data)
{
    return I2cWiteByte(OLED_I2C_DATA, data);
}
// 字符绘制相关接口
void OledShowChar(uint8_t x, uint8_t y, uint8_t ch, Font font);
void OledShowString(uint8_t x, uint8_t y, const char* str, Font font);
```

下面截取了一部分 16×8 的字符库的内容，一个字符用 16 个 unsigned char 类型的数字表示，部分代码如下：

```
// 16×8 的点阵
static const unsigned char F16X8[]=
{
0x00,0x00,0x00,0x00,0x00,0x00,0x00,0x00,0x00,0x00,0x00,0x00,0x00,0x00,0x00,0x00,// 0
```

```
0x00,0x00,0x00,0xF8,0x00,0x00,0x00,0x00,0x00,0x00,0x00,0x33,0x30,0x0
0,0x00,0x00,//! 1

0x00,0x10,0x0C,0x06,0x10,0x0C,0x06,0x00,0x00,0x00,0x00,0x00,0x00,0x0
0,0x00,0x00,//" 2

0x40,0xC0,0x78,0x40,0xC0,0x78,0x40,0x00,0x04,0x3F,0x04,0x04,0x3F,0x0
4,0x04,0x00,//# 3

0x00,0x70,0x88,0xFC,0x08,0x30,0x00,0x00,0x00,0x18,0x20,0xFF,0x21,0x1
E,0x00,0x00,//$ 4

0xF0,0x08,0xF0,0x00,0xE0,0x18,0x00,0x00,0x00,0x21,0x1C,0x03,0x1E,0x2
1,0x1E,0x00,//% 5

0x00,0xF0,0x08,0x88,0x70,0x00,0x00,0x00,0x1E,0x21,0x23,0x24,0x19,0x2
7,0x21,0x10,//& 6

0x10,0x16,0x0E,0x00,0x00,0x00,0x00,0x00,0x00,0x00,0x00,0x00,0x00,0x0
0,0x00,0x00,//' 7

0x00,0x00,0x00,0xE0,0x18,0x04,0x02,0x00,0x00,0x00,0x00,0x07,0x18,0x2
0,0x40,0x00,//( 8

0x00,0x02,0x04,0x18,0xE0,0x00,0x00,0x00,0x00,0x40,0x20,0x18,0x07,0x0
0,0x00,0x00,//) 9
```

　　向 OLED 显示屏输出一个 ASCII 字符，函数如下：

```
// Draw 1 char to the screen buffer
void OledShowChar(uint8_t x, uint8_t y, uint8_t ch, Font font)
{
    uint8_t c = 0;
    uint8_t i = 0;

    c = ch- ' '; //得到偏移后的值
```

```
if (x > 128- 1) {
    x = 0;
    y = y + 2;
}

if (font == FONT8x16) {
    OledSetPosition(x, y);
    for (i = 0; i < 8; i++){
        WriteData(F8X16[c*16 + i]);
    }

    OledSetPosition(x, y+1);
    for (i = 0; i < 8; i++) {
        WriteData(F8X16[c*16 + i + 8]);
    }
} else {
    OledSetPosition(x, y);
    for (i = 0; i < 6; i++) {
        WriteData(F6x8[c][i]);
    }
}
}
```

向 OLED 显示屏输出 ASCII 字符串函数的代码如下：

```
void OledShowString(uint8_t x, uint8_t y, const char* str, Font font)
{
    uint8_t j = 0;
    if (str == NULL) {
        printf("param is NULL,Please check!!!\r\n");
        return;
    }

    while (str[j]) {
        OledShowChar(x, y, str[j], font);
        x += 8;
```

```
    if (x > 120) {
        x = 0;
        y += 2;
    }
    j++;
    }
}
```

2. OLED显示屏显示字符串测试框架

使用 APP_FEATURE_INIT 定义 OLED 显示屏显示字符串测试代码的入口函数 OledDemo。

函数功能：该函数主要创建一个线程，并绑定一个 OledTask 任务，在 OledTask 函数中会放具体要运行的任务代码的逻辑。

```
static void OledDemo(void)
{
    osThreadAttr_t attr;

    attr.name = "OledTask";
    attr.attr_bits = 0U;
    attr.cb_mem = NULL;
    attr.cb_size = 0U;
    attr.stack_mem = NULL;
    attr.stack_size = 4096;
    attr.priority = osPriorityNormal;

    if (osThreadNew(OledTask, NULL, &attr) == NULL) {
        printf("[OledDemo] Falied to create OledTask!\n");
    }
}


APP_FEATURE_INIT(OledDemo);


static void OledTask(void *arg)
{
```

```
    (void)arg;
    GpioInit();
    OledInit();

    OledFillScreen(0x00);
    OledShowString(0, 0, "Hello, HarmonyOS", 2);
    sleep(30);
}
```

　　显示效果如图 4-7 所示。

　　该测试函数很简单，打印字符串"Hello, HarmonyOS"。至此，OLED 显示屏显示字符（串）的功能已经实现。

图 4-7

4.2 在OLED显示屏上显示中文

4.2.1 中文字符编码和中文字体

　　每个字符在计算机系统中都用一个代码保存，这个代码即该字符的码值，在显示时通过在字符集中查找对应字形位图输出到显示器。目前，使用得最广泛的西文字符集是 ASCII 字符集，包含 128 个字符。使用得较为广泛的中文字符集是 GB18030 字符集。

图 4-8 为中文字符编码。

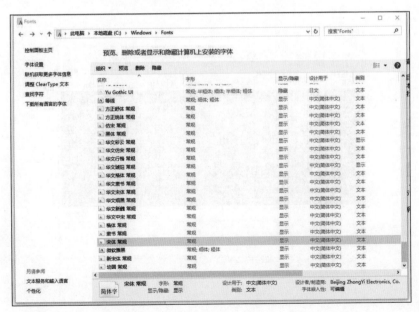

图 4-8

中文字体的类型很多，常见的字体有隶书、楷书、宋体、仿宋体、黑体等。

中文字符编码和字体不是本书介绍的重点，你如果需要了解更多信息，那么请查阅百度百科或官方信息。

4.2.2 　实现中文字体绘制

要想在产品中实现中文显示，一定需要用于显示器显示的字形码，比如 Windows 系统中 C:\Windows\Fonts 目录下放置了系统能够支持的字体，如图 4-9 所示。

图 4-9

常见的宋体字形库如图 4-10 所示。

图 4-10

对于一个小的嵌入式系统来讲，我们不可能把像 Windows 一样的字体字形库全部集成到软件工程中，因为不是所有大小的字体都用得上，且需要很大的存储空间。一般的做法是将产品所需要的汉字整理出来，通过工具生成字体字形库，这样可以节约存储空间。

下面介绍如何制作自定义的字体字形库。

首先，我们需要一个取模工具，这里使用 PCtoLCD，工具页面如图 4-11 所示。

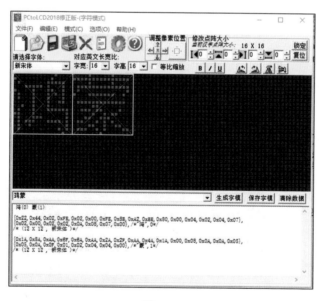

图 4-11

取模方式需要根据显示屏的特征来配置，对于 Wi-Fi IoT 开发套件使用的 OLED 显示屏来说，取模方式的配置如下（如图 4-12 所示）。

点阵格式：阴码。

取模方式：列行式。

取模走向：顺向。

自定义格式：C51 格式。

在配置好后，要注意看取模说明，确认是否是所要的取模方式。

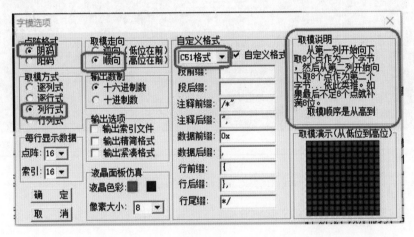

图 4-12

在配置好取模工具后，就要对需要的汉字进行取模。

下面以"鸿蒙你好"为例进行说明：

第一步，设置取模工具的字体类型和大小，这里选择新宋体类型，16×16 点大小，如图 4-13 所示。

图 4-13

该取模工具还支持加粗、斜体和下画线，以及旋转，可以根据需要自行设置。

第二步，在文本框中输入汉字"鸿蒙你好"，汉字会显示在液晶仿真面板中，如图 4-14 所示。

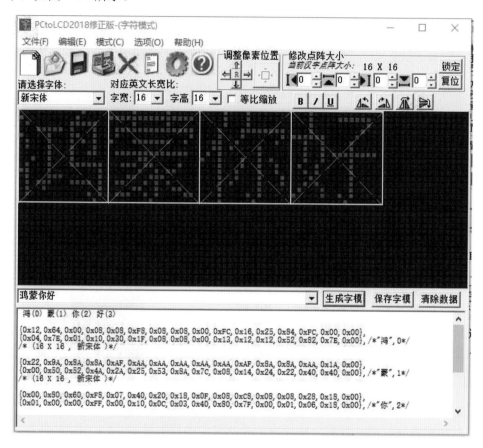

图 4-14

第三步，单击"生成字模"按钮，输入的汉字字模码会出现在下面的显示框中。单击"保存字模"按钮，会将生成的字模保存到文件中。在代码中创建数组，将生成好的字模整理到数组中即可。

OLED 显示屏显示的中文代码如下：

```c
char hz_16[] = /* (16 X 16 , 新宋体 )*/
{
    /*"鸿",0*/
    {
```

0x12,0x64,0x00,0x08,0x08,0xF8,0x08,0x08,0x00,0xFC,0x16,0x25,0x84,0xF
C,0x00,0x00,

0x04,0x7E,0x01,0x10,0x30,0x1F,0x08,0x08,0x00,0x13,0x12,0x12,0x52,0x8
2,0x7E,0x00
    },
    /*"蒙",1*/
    {

0x22,0x9A,0x8A,0x8A,0xAF,0xAA,0xAA,0xAA,0xAA,0xAA,0xAF,0x8A,0x8A,0xA
A,0x1A,0x00,

0x00,0x50,0x52,0x4A,0x2A,0x25,0x53,0x8A,0x7C,0x08,0x14,0x24,0x22,0x4
0,0x40,0x00
    },
    /*"你",2*/
    {

0x00,0x80,0x60,0xF8,0x07,0x40,0x20,0x18,0x0F,0x08,0xC8,0x08,0x08,0x2
8,0x18,0x00,

0x01,0x00,0x00,0xFF,0x00,0x10,0x0C,0x03,0x40,0x80,0x7F,0x00,0x01,0x0
6,0x18,0x00
    },
    /*"好",3*/
    {

0x10,0x10,0xF0,0x1F,0x10,0xF0,0x00,0x80,0x82,0x82,0xE2,0x92,0x8A,0x8
6,0x80,0x00,

0x40,0x22,0x15,0x08,0x16,0x61,0x00,0x00,0x40,0x80,0x7F,0x00,0x00,0x0
0,0x00,0x00
    },
};

// 显示汉字

```c
void OledShowChinese(uint8_t x,uint8_t y,uint8_t no)
{
    uint8_t t,adder=0;
    OledSetPosition(x,y);
    for(t=0;t<16;t++)
    {
        WriteData(Hzk[2*no][t]);
        adder+=1;
    }
    OledSetPosition(x,y+1);
    for(t=0;t<16;t++)
    {
        WriteData(Hzk[2*no+1][t]);
        adder+=1;
    }
}
```

测试代码如下：

```c
static void OledTask(void *arg)
{
    (void)arg;
    GpioInit();
    OledInit();

    OledFillScreen(0x00);
    OledShowChinese(0,0,0);  //鸿
    OledShowChinese(18,0,1);//蒙
    OledShowChinese(36,0,2);//你
    OledShowChinese(54,0,3);//好
    while(1);
}
```

显示效果如图 4-15 所示。

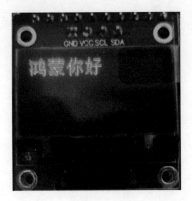

图 4-15

传输协议篇

第 5 章

使用 HarmonyOS 控制 Wi-Fi

5.1 Wi-Fi背景知识简介

5.1.1 Wi-Fi 简介

Wi-Fi 是一个基于 IEEE 802.11 协议的无线局域网通信的实现技术。很多人可能会将 Wi-Fi 与 IEEE 802.11 协议混为一谈。

其实两者并不等同。下面先简单说明一下什么是 IEEE 802.11 协议。

IEEE 802.11 协议是无线局域网络（Wireless Local Area Network, WLAN）的一个实现标准，也是使用得最广泛的标准。

当然，无线局域网络还有其他的协议，比如 IEEE 802.15 协议，蓝牙（BlueTooth）使用的就是这个协议。

本书不打算对 Wi-Fi 的技术实现细节进行详细的介绍。接下来着重介绍一下与 Wi-Fi 相关的在本书中会用到的一些专业名词和连接过程。

在 5.1.2 节将介绍 Wi-Fi 的几种工作模式（Operation Mode）。随后，我们会介绍 HarmonyOS Wi-Fi 编程接口。最后，我们会结合 HarmonyOS 的 Wi-Fi IoT 开发套件编写实例代码，并进行实验。

1. Wi-Fi专业术语介绍

Wi-Fi 中有很多专业术语，只有了解这些专业术语，才能更好地理解 Wi-Fi 的工作流程。

与 Wi-Fi 相关的常见的专业术语及说明见表 5-1。

表 5-1

专业术语	说明
SSID	服务集标识符（Service Set IDendifier）。它用于标识不同的网络，可以理解为网络的名称。比如，我们通过手机、电脑连接无线路由器，扫描出来的名字即 SSID。SSID 的长度可以是从 0 到 32 个字节
AP	接入点（Access Point）。它是允许其他无线设备连接的设备。AP 需要连接到路由器，以便接入网络，但是有时候，AP 可以与路由器整合到一个设备中。比如，家庭使用的无线路由器
STA	工作站（Station）。所有的 Wi-Fi 设备都被称为 Station。比如手机、电脑等。具有接入点功能的 Wi-Fi 设备也是一个 Station
BSS	基本服务集（Basic Service Set）。它由一个 AP 和所有连接到这个 AP 的 Wi-Fi 设备（AP clients）组成
BSSID	基本服务集标识符（Basic Service Set IDentifier）。它用于标识一个 BSS。BSSID 即 AP 的 MAC 地址
WPA	Wi-Fi 访问包含（Wi-Fi Protected Access）。它是一种保护无线网络访问安全的技术。目前，存在 WPA、WPA2、WPA3 这三个标准
WEP	有线等效加密（Wired Equivalent Privacy）。它是一种提供无线网络安全保护的机制，是 IEEE 802.11 协议的一部分。因为该加密方式已经被破解。在 2003 年的 IEEE 802.11i 协议中，WEP 被淘汰。
PSK	预共享密钥（Pre-Shared Key）。它一般在家庭或者小型无线网络中使用。用户输入事先约定好的密钥接入网络。密钥可以是 8~63 个 ASCII 字符或者 64 个 16 进制的数字。PSK 必须预先配置在 Wi-Fi 路由器，即 AP 中。在企业或者大型无线网络中，不推荐使用这种方式，而是使用 802.11x 认证服务器进行无线网络连接校验
Frequency	频段。无线网络是使用无线电波进行通信的。IEEE 802.11 协议定义了不同的频段，如 2.4GHz、3.6GHz、4.9GHz 和 5.8GHz 等
Channel	信道。它是无线网络数据传输的频道。每个频段又被划分成若干个信道。每个国家都会制定不同信道的使用政策。例如，2.4GHz 频段，共有 14 个信道。在中国，只使用这 14 个信道的 13 个，有一个不使用
Band	频带。目前，在 HarmonyOS 中定义的频带类型有 2G 和 5G 两种

2. Wi-Fi连接过程介绍

1）扫描

Wi-Fi 扫描有两种不同的方式，一种是主动扫描（Active Scan），另一种是被动扫描（Passive Scan）。

（1）主动扫描。由 Wi-Fi Client 在每个信道（Channel）上发送探测请求帧（Probe Request Frame），接入点收到探测请求之后，返回探测响应（Probe Response）。主动扫描需要指定一定的条件。例如：

SSID，根据指定的 AP SSID 扫描。

频段，根据特定的频段扫描，如 2460，单位是 MHz。

频带，根据特定的频带扫描，如 2G/5G。平台一般会定义相应的枚举变量。

BSSID，根据指定的 BSSID 扫描。

如果没有指定任何参数，那么会认为这是一个被动扫描（Passive Scan）请求。

（2）被动扫描。被动扫描即 Wi-Fi Client 在每个信道（Channel）上监听接入点发出的 Beacon Frame。

2）认证

Wi-Fi Client 在扫描完成之后，调用接口（详见第 5.2 节介绍）获取扫描结果，再根据 SSID 选择一个接入点去连接。

目前，Wi-Fi 主要使用的认证标准是 WPA/WPA2，最新标准是 WPA3。

根据不同的场景，WPA 标准有以下几种不同的认证模式。

（1）WPA-Personal，主要针对个人或者小型办公网络，使用 WPA-PSK 方式，在接入点中预先设置好密钥。

Wi-Fi Client 端使用预先设置的密钥进行认证，认证算法有 TKIP 和 CCMP 两种。

（2）WPA-Enterprise，针对企业级的认证方式，Client 端发送认证请求，接入点在收到请求之后，连接 RADIUS 服务器进行认证。

这里只是简单地介绍了 WPA 认证。早期的 IEEE 802.11 协议支持 WEP 认证，不过在较新的标准中，这种认证已经被淘汰。

3）关联

在认证完成之后，Wi-Fi Client 可以开始跟接入点进行关联（Association）。

关联动作，可以被理解为将 Wi-Fi Client 注册到接入点中。大概的流程如下：

（1）Wi-Fi Client 发送关联请求帧（Association Request）。

（2）接入点处理关联请求，对于关联请求是否允许实现，不同的厂商可能不一样。

（3）如果允许关联，那么接入点返回状态 0，表示成功；否则，返回一个状态码。

注意，一个 Wi-Fi Client 一次只能关联一个接入点。

5.1.2　Wi-Fi 工作模式简介

Wi-Fi 设备可以工作在不同的模式下，不同的模式的作用不尽相同。可以通过配置让 Wi-Fi 处于不同的模式下。一个 Wi-Fi 设备可以同时支持多种模式。常用的 Wi-Fi 模式介绍如下。

1. Station模式

从理论上来说，任何一个 Wi-Fi 设备都可以称为 Station（STA）。根据 IEEE 802.11 协议对 STA 的描述，STA 是支持 IEEE 802.11 协议的设备，比如智能手机、电脑、平台等，也包括接入点。

在大多数情况下，当大家说到 STA 模式时，一般指的是具有 Wi-Fi Client 行为的设备，可以连接到接入点。

在本书中，后面提到的 STA，也是指一个具有 Wi-Fi Client 行为的设备。

STA 会扫描可连接的接入点，选择一个想要连接的接入点，经过认证、关联等步骤后，将与接入点进行连接。

2. AP模式

AP 模式即接入点模式，接入点允许其他 Wi-Fi Client 与之进行连接，并且提供无线网络服务。前文已经介绍了连接到接入点的步骤，这里不再赘述。

接入点的配置如下：

（1）配置 SSID。

（2）选择认证类型，如果使用 WPA-PSK 认证，那么需要设置密码，这样 Wi-Fi Client 必须输入密码才能进行连接。

（3）选择支持的频段，如 2.4GHz 或者 5GHz 等。

（4）设置支持的信道，不同的国家和地区有差异。

在接入点配置完成之后，启动 AP 模式即可。

Wi-Fi 还支持其他模式，如 Ad hoc 模式，其不在本书的讨论范围之内。有兴趣的读者可以查阅相关的资料。

5.2　HarmonyOS IoT硬件的Wi-Fi STA模式编程

本节主要介绍在 HarmonyOS 上的 Wi-Fi API。

5.2.1　扫描其他 Wi-Fi 接入点

在 HarmonyOS 中，通过下面的函数来扫描 Wi-Fi 接入点。

```
WifiErrorCode Scan(void)
```

该函数触发 Wi-Fi 接入点的扫描。若成功，则返回 WIFI_SUCCESS；若错误，则返回相应的错误码。

注意，Scan 函数并不会返回扫描的结果，只是触发扫描的事件，最终的扫描结果由底层的 Wi-Fi 芯片上报。也就是说，如果 Scan 函数返回 WIFI_SUCCESS，那么上层也可能无法正常地获取到扫描结果。获取扫描结果需要单独调用另外一个函数，见下面的描述。

```
WifiErrorCode GetScanInfoList(WifiScanInfo* result, unsigned int* size)
```

该函数用来获取扫描结果。

result 存放扫描的结果，size 为 result 的长度。在 HarmonyOS 中，Wi-Fi 扫描结果的数量是受限的，不能超过宏 WIFI_SCAN_HOTSPOT_LIMIT 定义的大小。该宏定义在 foundation/communication/interfaces/kits/wifi_lite/wifiservice/wifi_scan_info.h 中，值为 64。也就是说，最多只能获取 64 个扫描结果。

作为形参的 size，一般直接传这个宏就可以了。实例代码片段如下：

```
#include "wifi_scan_info.h"
#include "wifi_device.h"

WiFiScanInfo *info = malloc(sizeof(WifiScanInfo) *
WIFI_SCAN_HOTSPOT_LIMIT );
if (info == NULL) {
    printf("Allocate memory failed.\n");
    return NULL;
 }
 int scanInfoSize = WIFI_SCAN_HOTSPOT_LIMIT;
 WifiErrorCode error = GetScanInfoList(info, &scanInfoSize);
 if (error != WIFI_SUCCESS) {
    printf("Error! get Wi-Fi Scan results failed: %d", error);
 } else {
    printf("Get Wi-Fi scan results success, size = %d", scanInfoSize);
 }
 return info;
```

返回值：若成功，则返回 WIFI_SUCCESS；若错误，则返回相应的错误码。

5.2.2　连接到某个 Wi-Fi 接入点

在扫描完成之后，可以选择一个接入点，调用相关的函数进行网络连接。

```
WifiErrorCode ConnectTo(int networkId)
```

根据 networkId 连接一个指定的网络。networkId 是 WifiDeviceConfig 类型的全局数组的索引。通过指定的 networkId 获取一个 Wi-Fi 的配置。WifiDeviceConfig 的定义如下：

```
typedef struct WifiDeviceConfig {
char ssid[WIFI_MAX_SSID_LEN]; // 无线网络的 SSID
unsiged char bssid[WIFI_MAC_LEN]; // 无线网络的 BSSID
char preSharedKey[WIFI_MAX_KEY_LEN]; // PSK，即无线网络预先设置的密钥
int securityType; // 认证类型，如 OPEN、WEP、WPA-PSK 等
int netId; // 网络 ID，一个有效的 ID，不能小于 0，也不能大于 10（由宏 WIFI_MAX_
CONFIG_SIZE 定义）
unsigned int freq; // 频段
int wapiPskType; // PSK 类型，ASCII 字符或者 16 进制数。目前，Hi3861 芯片只支
持 ASCII 字符
};
```

ConnectTo 函数完成了认证、关联等一系列操作。

返回值：若成功，则返回 WIFI_SUCCESS；若错误，则返回相应的错误码。

5.3　HarmonyOS IoT硬件的Wi-Fi AP模式编程 ▾

5.3.1　创建 Wi-Fi 热点

在开始介绍相关的接口函数之前，有一个约定需要说明一下。

本节是介绍 Wi-Fi AP 模式编程的，但是你会发现接下来要介绍的函数的

名字都包含了 hotspot，即热点。热点和接入点是两个不同的概念。这里需要解释一下。

HarmonyOS 使用下面的函数创建 Wi-Fi 热点：

（1）WifiErrorCode EnableHotspot(void)

调用上面的函数，可以在 HarmonyOS 中开启接入点功能，并设置全局变量 g_wifiApStatus 为 ACTIVE 状态。你可能会觉得奇怪，难道开启接入点功能什么参数都不需要吗？接入点需要配置 SSID，可能也需要配置 PSK、设置频段等操作。为什么这个函数一个参数都没有？与接入点相关的这些参数是怎么设置进去的？

这是因为 HarmonyOS 使用一个叫 g_wifiApConfig 的全局变量保存接入点的配置，该变量是 HotspotConfig 类型的，为一个结构体。关于该结构体，在本节的后面会进行介绍。

返回值：若成功，则返回 WIFI_SUCCESS；若错误，则返回相应的错误码。

（2）WifiErrorCode DisableHotspot(void)

该函数用于禁用接入点功能，并设置全局变量 g_wifiApStatus 为 NOT ACTIVE 状态。

返回值：若成功，则返回 WIFI_SUCCESS；若错误，则返回相应的错误码。

（3）int IsHotspotActive(void)

该函数用于获取接入点的状态。这里要说明一下，从这个函数名来看，似乎该函数用于判断当前设备的 AP 模式有没有使能。这个函数最终只返回上面所提到的全局变量 g_wifiApStatus 的值。也就是说，实际上这个函数只返回状态，而不判断 AP 模式是不是使能。我们可以针对这个函数重新封装一个返回值为布尔型的函数，若返回 TRUE，则表示接入点功能被开启，若返回 FALSE，则表示接入点功能被禁用。实现方法如下：

```
#include "wifi_hotspot.h"
#include "wifi_event.h"

BOOL IsHotspotEnabled(void)
{
```

```
    int apStatus = IsHotspotActive();
    return apStatus == WIFI_HOTSPOT_ACTIVE;
}
```

返回值：若成功，则返回接入点状态，若错误，则返回相应的错误码。

（4）WifiErrorCode GetStationList(StationInfo* result, unsigned int* size)

该函数用于获取当前连接到接入点的 STA 信息。size 表示存储 StationInfo 数组的长度，即 result 的长度。

根据 HarmonyOS 的定义，最多只能获取 6 个 STA 的信息。由宏 WIFI_MAX_STA_NUM 控制。

该宏定义在 foundation/communication/interfaces/kits/wifi_lite/wifiservice/ wifi_hotspot_config.h 中。

返回值：若成功，则返回 WIFI_SUCCESS；若错误，则返回相应的错误码。

（5）WifiErrorCode SetHotspotConfig(const HotspotConfig* config)

该函数用于接入点配置。在上文中提到，在使能 AP 模式的函数中，没有任何参数传递，这是因为接入点需要的配置信息都保存在一个全局变量 g_wifiApConfig 中。这个全局变量就是通过该函数设置的。HotspotConfig 结构体的定义如下：

```
typedef struct {
char ssid[WIFI_MAX_SSID_LEN];            // SSID 名称
int securityType;                        // 认证类型
int band;                                // 频带
int channelNum;                          // 信道
char preSharedKey[WIFI_MAX_KEY_LEN];     // PSK
} HotspotConfig;
```

该函数将形参 config 的值拷贝到全局变量 g_wifiApConfig 中。根据此 config，可以调用 EnableHotspot 函数开启接入点功能。

返回值：若成功，则返回 WIFI_SUCCESS；若错误，则返回相应的错误码。

（6）WifiErrorCode GetHotspotConfig(HotspotConfig*result)

该函数比较好理解，就是获取全局变量 g_wifiApConfig 中的内容，将其拷贝到 result 中。

返回值：若成功，则返回 WIFI_SUCCESS；若错误，则返回相应的错误码。

（7）int GetSignalLevel(int rssi, int band)

该函数用于获取信号强度等级。rssi 是 Received Signal Strength Indicator 的缩写，即接收信号强度指示，用于判断接收的信号质量。

rssi 在不同的频带下有不同的值，代表的强度不一样。rssi 的单位是 DBm（分贝毫瓦），是用于描述功率的单位。其值一般在-90～0。数值越大，说明信号越好。

该函数根据 rssi 和频带的值，返回一个 HarmonyOS 定义的信号等级。目前的值是 1,2,3,4 这四个等级，由枚举变量 RssiLevel 定义，用于指示当前 Wi-Fi 的信号状态。根据这个状态，可以在设备状态栏中刷新指示 Wi-Fi 连接的图标。下面是 HarmonyOS 定义的信号等级枚举类型定义：

```
typedef enum {
    RSSI_LEVEL_1 = 1,
    RSSI_LEVEL_2 = 2,
    RSSI_LEVEL_3 = 3,
    RSSI_LEVEL_4 = 4,
} RssiLevel;
```

返回值：若成功获取到信号，则返回 Signal Level，否则返回-1。

信号等级和 rssi 的对应关系如表 5-2 所示。

表 5-2

信号等级	2.4GHz 热点 rssi 范围	5GHz 热点 rssi 范围
1	-88≤rssi<-82	-85≤rssi<-79
2	-82≤rssi<-75	-79≤rssi<-72
3	-75≤rssi<-65	-72≤rssi<-65
3	-65≤rssi<0	-65≤rssi<0

提供 DHCP 服务

在 Wi-Fi 连接之后，无论是 Wi-Fi 设备客户端（STA）还是接入点（AP），如果需要接入外部网络，那么还需要提供动态主机配置协议（DHCP）服务，用于动态获取 IP 地址。关于 DHCP 的知识，本书不打算进行介绍。有兴趣的读者可以参考相关的书籍。

HarmonyOS 开源项目 OpenHarmony1.0 版本主要针对 IoT 设备。在 IoT 设备中，目前使用的网络协议是 LwIP（Light Weight IP），即轻量级的网络协议。DHCP 服务都是由 LwIP 提供的。读者如果对 TCP/IP 服务不了解，那么可以查阅相关的资料。

Wi-Fi 设备客户端和接入点调用 DHCP 服务的接口不一样，下面分别介绍提供 DHCP 服务的几个函数。

（1）struct netif *netifapi_netif_find(const char *name)

该函数用于查找网络接口，形参 name 即网络接口名，例如 eth0。海思 Hi3861 平台的网络接口名是"ap0"。

返回值：若成功，则返回网络接口的结构体；若失败，则返回空指针。

（2）err_t netifapi_netif_set_addr(struct netif *netif, const ip4_addr_t *ipaddr, const ip4_addr_t *netmask, const ip4_addr_t *gw)

该函数用于配置网络接口 IP。目前，海思 Hi3861 平台只支持 IPv4 配置网络接口 IP，实例代码片段如下：

```
#include "lwip/netifapi.h"
#include <stdlib.h>

 struct netif* iface = netifapi_netif_find("ap0");
 if (iface) {
    ip4_addr_t ipaddr;
    ip4_addr_t gateway;
    ip4_addr_t netmask;
```

```
    IP4_ADDR(&ipaddr, 192, 168, 1, 1);
    IP4_ADDR(&gateway, 192, 168, 1, 1);
    IP4_ADDR(&netmask, 255, 255, 255, 0);

    err_t ret = netifapi_netif_set_addr(iface, &ipaddr, &netmask,
&gateway);
    if (ret != 0) {
        printf("Error! set address for \"ap0\" failed.\n");
    } else {
        printf("Set address for \"ap0\" success.\n");
    }
    return ret;
}
```

说明：只有在 AP 模式下，才需要先调用 netifapi_netif_set_addr 函数来设置接入点的 IP 地址，用于设置当前 BSS 的 IP 网段。在 STA 模式下，即 Wi-Fi 设备客户端，在连接的时候并不需要调用该函数，只有在 Wi-Fi 断开连接的时候，才可以调用这个函数，清除 IP 地址。将 ipaddr、netmask、gateway 全部设置为 0.0.0.0 即可。

返回值：若成功，则返回 0；若失败，则返回负数的错误码。

（3）err_t netifapi_dhcps_start(struct netif*netif, char*start_ip, u16_tip_num)

该函数用于接入点启动 DHCP 服务。netif 是描述网络接口的结构体。start_ip 描述 DHCPv4 地址池（DHCPv4 Address Pool）中 IP 的起始地址。ip_num 描述 DHCPv4 地址池中的 IP 的数量。

除了 DHCPv4 中强制配置了 IP 地址的范围，start_ip 和 ip_num 都要设置为 0。

返回值：若成功，则返回 0；若失败，则返回错误码。

（4）err_t netifapi_dhcps_stop(struct netif *netif)

该函数用于停止接入点的 DHCP 服务。如果要在一个网络接口（Network Interface）上重启 DHCP 服务，那么必须先调用该函数停止当前的 DHCP 服务。

返回值：若成功，则返回 0；若失败，则返回错误码。

（5）err_t netifapi_dhcp_start(struct netif *netif)

该函数用于 Wi-Fi 设备客户端（STA）启动 DHCP 客户端，用于获取 IP 地址。在 Wi-Fi 连接成功后，一般会调用该函数启动 DHCP 服务。

该函数的实例代码片段如下：

```c
#include "wifi_device.h"
#include "lwip/netifapi.h"

static void OnWifiConnectionChanged(int state, WifiLinkedInfo* info)
{
    if (state == WIFI_STATE_AVALIABLE) { /* Wi-Fi connected, start dhcp
client. */
        netifapi_dhcp_start("ap0");
        ...
    } else { /* WIFI_STATE_NOT_AVALIABLE */
        netifapi_dhcp_stop("ap0");
        ...
        /* Maybe clear IP address by netifapi_netif_set_addr */
    }
}


void wifi_connect(void)
{
    WifiErrorCode  errCode;
    WifiEvent eventListener = {
        .OnWifiConnectionChanged = OnWifiConnectionChanged
    };
    WifiDeviceConfig apConfig;
    int netId;

    errCode = RegisterWifiEvent(&eventListener);

    if (strncpy_s(apConfig.ssid, WIFI_MAX_SSID_LEN, "Openharmony-AP",
14) ! = 0) {
        printf("Error! copy ssid failed.\n");
```

```
    UnRegisterWifiEvent(&eventListener);
    return;
  }
  if (strncpy_s(apConfig.preShareKey, WIFI_MAX_KEY_LEN, "password",
8) != 0) {
    printf("Error! copy preShareKey failed.\n");
    UnRegisterWifiEvent(&eventListener);
    return;
  }
  apConfig.securityType = WIFI_SEC_TYPE_PSK;

  errCode = EnableWifi();
  if (errCode != WIFI_SUCCESS) {
    printf("Error! enable Wi-Fi failed: %d\n", errCode);
    UnRegisterWifiEvent(&eventListener);
    return;
  }
  ...
  errCode = AddDeviceConfig(&apConfig, &netId);
  ...
  errCode = ConnectTo(netId);
  if (errCode != WIFI_SUCCESS) {
    printf("Error! Connect to net id %d failed: %d\n", netId, errCode);
    UnRegisterWifiEvent(&eventListener);
    return;
  }
}
```

返回值：若成功，则返回 0；若失败，则返回错误码。

（6）err_t netifapi_dhcp_stop(struct netif *netif)

该函数用于 Wi-Fi 设备客户端移除 DHCP 客户端。

返回值：若成功，则返回 0；若失败，则返回错误码。

5.4　HarmonyOS IoT硬件 Wi-Fi通用函数

5.2 节和 5.3 节介绍了 HarmonyOS 的 Wi-Fi 连接和 AP 模式打开的方法。你可能注意到了，在前面的章节中，我们介绍了如何添加设备配置，注册 Wi-Fi 事件。这些都是 HarmonyOS 提供的一些通用的函数，方便开发者在 HarmonyOS 中进行 Wi-Fi 的相关代码开发。下面会详细介绍这些函数。

（1）WifiErrorCode EnableWifi(void)

打开 Wi-Fi 设备的 STA 模式，可以理解为开启设备的 Wi-Fi 功能，使其可以扫描，并且连接到某个接入点。在进行 Wi-Fi 的开发之前，要确保先调用 EnableWifi 函数，否则，其他的操作都是无效的。

返回值：若成功，则返回 WIFI_SUCCESS；若错误，则返回相应的错误码。

（2）WifiErrorCode DisableWifi(void)

该函数禁用设备的 STA 模式。在调用该函数之后，设备不能进行扫描、联网等操作。

返回值：若成功，则返回 WIFI_SUCCESS；若错误，则返回相应的错误码。

（3）int IsWifiActive(void)

该函数用于判断 Wi-Fi 设备的 STA 模式是否已经打开。这个函数的实现与 IsHotspotActive 函数（见 5.3.1 节）有一样的问题。

返回值：若成功，则返回 Wi-Fi 状态，即 WIFI_STA_ACTIVE 或者 WIFI_STA_NOT_ACTIVE；若失败，则返回相应的错误码。

（4）WifiErrorCode AddDeviceConfig(const WifiDeviceConfig*config, int*result)

该函数用于增加设备的 Wi-Fi 配置。WifiDeviceConfig 的定义请见 5.2.2 节。该函数将一个 WifiDeviceConfig 添加到设备中，并且给这个 WifiDeviceConfig 分配一个 net id。net id 保存到 result 中，返回给调用者。根据这个 net id 可以取到对应的 WifiDeviceConfig，用于进行 Wi-Fi 连接。每一个 Wi-Fi 配置的 net id 是唯一的。最多不能超过 10 个配置项。最大配置项由宏

WIFI_MAX_CONFIG_SIZE 指定。

```
#define WIFI_MAX_CONFIG_SIZE 10
```

这个宏定义在 foundation/communication/interfaces/kits/wifi_lite/wifiservice/wifi_device_config.h 中。

你可以参考 5.3.2 节 AddDeviceConfig 的使用方法。

返回值：若成功，则返回 WIFI_SUCCESS；若错误，则返回相应的错误码。

（5）WifiErrorCode GetDeviceConfigs(WifiDeviceConfig*result, unsigned int* size)

该函数用于获取所有有效的 Wi-Fi 配置，结果保存在 result 中。size 指定可获取的最大的配置数，为 result 的长度。

在 HarmonyOS 中，Wi-Fi 的配置数最多不能超过 10 个，由宏 WIFI_MAX_CONFIG_SIZE 指定。

返回值：若成功，则返回 WIFI_SUCCESS；若错误，则返回相应的错误码。

（6）WifiErrorCode RemoveDevice(int networkId)

该函数用于根据 net id 删除一个 Wi-Fi 配置。

返回值：若成功，则返回 WIFI_SUCCESS；若错误，则返回相应的错误码。

（7）WifiErrorCode Disconnect(void)

该函数用于断开 Wi-Fi 连接。

返回值：若成功，则返回 WIFI_SUCCESS；若错误，则返回相应的错误码。

（8）WifiErrorCode GetLinkedInfo(WifiLinkedInfo* result)

该函数用于获取 Wi-Fi 设备客户端当前连接的接入点的信息。WifiLinkedInfo 的定义如下：

```
typedef enum {
    /** 已断开 */
    WIFI_DISCONNECTED,
    /** 已连接 */
```

```
    WIFI_CONNECTED
} WifiConnState;

typedef struct {
    /** SSID 信息 */
    char ssid[WIFI_MAX_SSID_LEN];
    /** 当前所属的 BSSID */
    unsigned char bssid[WIFI_MAC_LEN];
    /** 信号强度*/
    int rssi;
    /** Wi-Fi 连接状态 */
    WifiConnState connState;
    /** 断开原因 */
    unsigned short disconnectedReason;
} WifiLinkedInfo;
```

disconnectedReason 是由硬件平台决定的。比如,我们当前使用的是海思 Hi3861 平台,断开的原因是由其定义的。

HarmonyOS 并没有定义断开原因的值。

返回值:若成功,则返回 WIFI_SUCCESS;若错误,则返回相应的错误码。

(9) WifiErrorCode RegisterWifiEvent(WifiEvent*event)

该函数用于注册 Wi-Fi 事件的回调函数,可用于开发者在自己开发的应用中注册相应的回调函数,监听 Wi-Fi 状态的变化,根据不同的状态,做相应的处理。可以注册的最大事件数是 10 个。可以注册的最大事件数由宏 WIFI_MAX_EVENT_SIZE 指定。

```
#define WIFI_MAX_EVENT_SIZE 10
```

这个宏定义在 foundation/communication/interfaces/kits/wifi_lite/wifiservice/wifi_event.h 中。

WifiEvent 结构体的定义如下:

```
typedef struct {
    /** 连接状态改变 */
```

```
    void (*OnWifiConnectionChanged)(int state, WifiLinkedInfo* info);
    /** 扫描状态改变 */
    void (*OnWifiScanStateChanged)(int state, int size);
    /** 热点/接入点状态改变 */
    void (*OnHotspotStateChanged)(int state);
    /** STA 已经连接 */
    void (*OnHotspotStaJoin)(StationInfo* info);
    /** STA 断开 */
    void (*OnHotspotStaLeave)(StationInfo* info);
} WifiEvent;
```

从这几个回调函数的声明中可以看出，前面两个是给 STA 模式使用的，后面三个是给 AP 模式使用的。

关于 RegisterWifiEvent 的使用方法，请参考 5.3.2 节。

说明：RegisterWifiEvent 要在一开始就调用注册好，而不能在 Wi-Fi 已经使能之后才开始注册，这样可能会导致有些事件丢失。

返回值：若成功，则返回 WIFI_SUCCESS；若错误，则返回相应的错误码。

（10）WifiErrorCode UnRegisterWifiEvent(const WifiEvent* event)

该函数用于注销 Wi-Fi 事件。关于 UnRegisterWifiEvent 的使用方法，请参考 5.3.2 节。

返回值：若成功，则返回 WIFI_SUCCESS；若错误，则返回相应的错误码。

（11）WifiErrorCode GetDeviceMacAddress(unsigned char* result)

该函数用于获取设置的 MAC 地址。这是获取 Wi-Fi 设备的 MAC 地址，在使能了 Wi-Fi 之后即可调用。

实例代码片段如下：

```
#include "wifi_device.h"

static char* FormatMacAddress(char* macBuf, const unsigned char* mac)
{
    /* TODO: check if mac size is valid */
```

```
    snprintf(macBuf, sizeof(macBuf), "%02X:%02X:%02X:%02X:%02X:%02X",
mac[0], mac[1], mac[2], mac[3], mac[4], mac[5]);
    return macBuf;
}

void WifiDeviceMacAddressShow(void)
{
    unsigned char macAddr[6];
    WifiErrorCode errCode = EnableWifi();
    if (errCode != WIFI_SUCCESS) return;
     errCode = GetDeviceMacAddress(macAddr);
    if (errCode == WIFI_SUCCESS) {
        char macBuf[32] = {0};
        printf("Device Mac Address is %s\n", FormatMacAddress(macBuf,
macAddr));
    } else {
        printf("Error! get device mac address failed: %d\n", errCode);
    }
    DisableWifi();
    return;
 }
```

注意：获取到的 MAC 地址不可以被直接输出，需要被转换成 16 进制，按照冒号(:)分割的格式输出。

第 6 章

HarmonyOS 网络编程

6.1 TCP/IP简介

TCP/IP 是 Transmission Control Protocol/Internet Protocol 的简写，即"传输控制协议/因特网互连协议"，是互联网的基础协议。顾名思义，该协议由 TCP 和 IP 两大部分组成，但是整个协议由分成四个层的多个协议组成，也可以被称为TCP/IP 协议簇，如图 6-1 所示。

TCP/IP 又被称为 TCP/IP 协议栈。之所以被称为协议栈，是因为这些协议在处理数据的时候具有栈的先进后出的特性，也就是说在发送端，应用层的协议先打包数据，然后传输层、网络层、链路层的协议依次打包数据，而在接收端，链路层的协议先解包数据，然后网络层、传输层、应用层的协议依次解包数据，如图 6-2 所示。

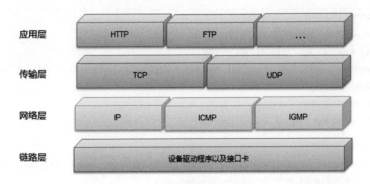

图 6-1

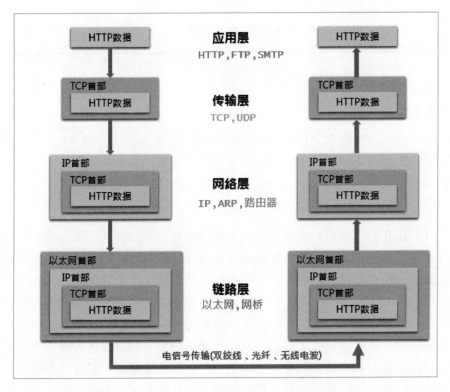

图 6-2

下面按照从上至下的顺序依次介绍所使用的协议。

1. 应用层

该层向用户提供一组常用的网络应用程序，这些程序根据所用的协议产生对应格式的报文，比如浏览器程序产生基于 HTTP 的报文，如图 6-3 所示。

```
▼ Response Headers        view source
  Content-Type: text/html
  Date: Fri, 31 May 2019 01:36:37 GMT
  Server: Apache/2.0.59 (FreeBSD) PHP/5.2.1 with Suhosin-Patch mod_ssl/2.0.59 OpenS
  L/0.9.7e-p1
  Transfer-Encoding: chunked
  X-Powered-By: PHP/5.2.1
▼ Request Headers         view source
  Accept: text/html,application/xhtml+xml,application/xml;q=0.9,image/webp,image/a
  g,*/*;q=0.8,application/signed-exchange;v=b3
  Accept-Encoding: gzip, deflate
  Accept-Language: en-US,en;q=0.9
  AlexaToolbar-ALX_NS_PH: AlexaToolbar/alx-4.0.3
  Cache-Control: no-cache
```

图 6-3

2. 传输层

该层将应用层的报文打包，并提供面向连接/无连接的传输协议。其中，面向连接的传输协议被称为 TCP，是一种可靠而复杂的传输协议；面向无连接的传输协议被称为 UDP（User Datagram Protocol，用户数据报协议），是一种不可靠但是简单而快速的传输协议。

（1）TCP 的机制相对完善，实现了面向连接、保证传输可靠、拥塞控制的功能。所以，它的报文头就需要记录各种情况，因此格式较为复杂。它首先要规定好源端口号和目的端口号，这两个端口号分别指向了发送端和接收端的应用程序。源端口号和目的端口号的后面是序号/确认序号，用于解决丢包和乱序的问题。具体来说，发送端会把已发送的报文暂存在本地的一个缓冲区中，而接收方在成功接收到报文之后会回复一个确认消息。如果发送方在一个设定的时限内没有收到某个已发送报文的确认消息，那么会把还在缓存区中的该报文重新发送。在接收到确认消息之后，该报文会从缓冲区中删除。确认序号的后面是一些状态位，比如 URG、ACK、PSH 等，用于维持和变更双方连接的状态。状态位之后是窗口大小，指的是缓冲区的空闲空间，通信双方都会声明一个窗口大小，标识自己当前的处理能力，以此做流量控制。报文头还有一个比较重要的部分是校验和，它是对报文段的校验，接收端以此来判断所收到的报文是不是正确的。TCP 报文头的格式如图 6-4 所示。

源端口号（16位）							目的端口号（16位）
序号（32位）							
确认序号（32位）							
首部长度（4位）　保留（6位）	U R G	A C K	P S H	R S T	S Y N	F I N	窗口大小（16位）
校验和（16位）							紧急指针（16位）
选项							
数据							

图 6-4

　　TCP 是如何利用报文头做到面向连接的呢？这就是三次握手和四次挥手。三次握手指的是要通过客户端和服务端总共发送三个数据包以建立双方的连接，如图 6-5 所示。第一次握手是客户端向服务端发送连接请求，客户端将标志位 SYN 置位，随机产生一个序列号 n，并将该数据包发送给服务端，然后客户端进入 SYN_SENT 状态，等待服务端确认。第二次握手是服务端在收到数据包后，发现此包的标志位 SYN 被置位，于是知道客户端在请求建立连接，这时服务端将生成一个确认报文，并将确认报文的标志位 SYN 和 ACK 都置位，让 ack=$n+1$，再随机产生一个序列号 k，并将该确认报文发送给客户端，告知客户端连接请求已被确认，此时服务端进入 SYN_RCVD 状态。第三次握手是客户端在收到服务端回复的确认报文后，检查报文里的 ack 是否为 $n+1$、ACK 是否置位，如果这两者都正确，那么自己也构造一个新的回复报文，将标志位 ACK 置位，即 ack=$K+1$，再将该回复报文发送给服务端，服务端在收到这个回复报文后，会检查 ack 是否为 $K+1$、ACK 是否置位，如果这两者都正确，那么建立连接成功，三次握手也就完成了。此时，客户端和服务端都进入 ESTABLISHED 状态，接下来客户端与服务端就可以开始相互传输数据了。

　　四次挥手的原理和三次握手是类似的，就是双方相互向对端发送报文告知自己已经停止发送数据了，并且也收到对端的确认报文，然后连接断开，如图 6-6 所示。这里不再赘述。

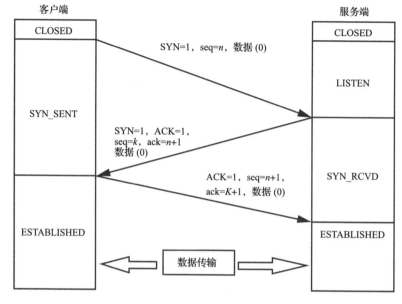

图 6-5

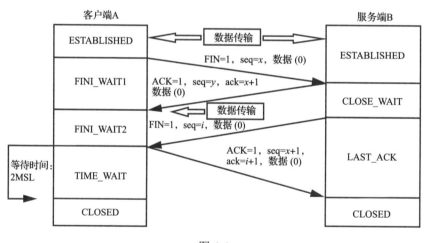

图 6-6

（2）UDP 是不面向连接的，不保证传输的可靠性，也没有拥塞控制机制。所以，它的报文头格式相对简单，同时协议本身的流程也很简单。UDP 的报文头包括源端口号（可选的，若端口号不用，则置 0 即可）、目的端口号、报文长度、校验和。根据这些字段就可知，UDP 的目的仅在于确定通信双方的应用程序，以及对端可以校验收到数据是否正确。但正因为 UDP 如此简单，所以它也有独特的优点：适合用在广播或者多播不需要进行丢包重传的场合；UDP

是面向无连接的，协议的实现简单且速度较快；适合用在流媒体这种数据量大、实时性强，但是单个数据丢失无关紧要的场合。UDP 报文头的格式如图 6-7 所示。

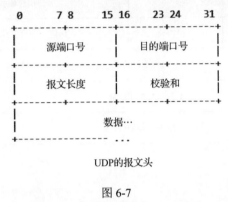

UDP的报文头

图 6-7

3. 网络层

网络层的协议将本端传输层的报文当作数据打成 IP 报文，并提供在网络上寻址、路由的功能，也就是选择通路的功能，直至达到对端所在子网。为了达到这个目的，网络层含有 IP、ARP（Address Resolution Protocol，地址解析协议）、路由协议。

（1）IP。其作用是将 TCP/UDP 报文当作数据，再在最前面加一个 IP 报文头，以打成 IP 报文。IP 报文头有许多字段，主要的字段如下：①4 位版本信息。IPv4 为 0100，IPv6 为 0110。②8 位生存时间（TTL）。该数据报的生存周期，也就是可以经过的路由器的数量，每经过一个路由器，该值就减去 1，当该值为 0 时，数据报被丢弃。③8 位服务类型。表示上层传输层所用的服务类型，这样网络层在收到报文后才能通知上层本报文是 TCP 报文还是 UDP 报文。④16 位首部校验和。只计算 IP 首部的校验和，并不计算数据部分。⑤32 位源 IP 地址。发送端的 32 位 IP 地址。⑥32 位目的 IP 地址。接收端的 32 位 IP 地址。IP 地址由 32 位数组成，分成网络地址和主机地址两个部分，这样 IP 报文就可以通过路由机制送达目的端的子网。由此可见，IP 的目的就是标识发送端和接收端的 IP 地址，以及在网络中传输能容忍的最大时间。同时，也可知 IP 并不保证报文一定能被送达对方。其报文头的格式如图 6-8 所示。

图 6-8

（2）ARP。它的目的是根据 IP 地址获取对应的 MAC 地址。主机在发送信息时将包含目标 IP 地址的 ARP 请求广播到局域网络上的所有主机，并接收返回消息，以此确定目标的 MAC 地址。在收到返回消息后，主机将该 IP 地址和 MAC 地址存入本机 ARP 缓存中并保留一定的时间，下次请求时直接查询 ARP 缓存以节约资源。

（3）路由协议。当源 IP 地址和目的 IP 地址在同一个子网中时，只需要使用上面的 ARP 就可以寻址。但是如果双方不在同一个子网中，就需要通过路由协议把报文从源端送到目的端的子网中，然后再使用 ARP 在目的端的子网中寻址。路由存在于网络上的路由器中，分为链路层协议发现的路由、手工配置的静态路由、动态路由协议发现的路由。路由协议通过在路由器之间共享路由信息来创建和维持路由表，以确保所有路由器知道到其他路由器的路径。总之，路由协议创建了路由表，描述了网络拓扑结构；路由协议与路由器协同工作，执行路由选择和数据包转发功能。路由协议有很多，讨论这些超出了本书范围。

4. 链路层

以太网协议将 IP 报文加装首部和尾部，组成一个数据包，称为一个帧，以此来识别出一个个以太网报文。以太网报文的头部存放了源 MAC 地址和目标 MAC 地址。当网络层将 IP 报文发送到目标 IP 所在的子网后，链路层就可以将此 IP 报文对应的以太网报文对子网内的所有主机广播，收到该报文的主机会对比该报文的目的 MAC 地址和自己的 MAC 地址，对相同的就处理，否则就丢弃。

6.2 LwIP开源项目简介

LwIP 是 Light Weight（轻型）IP 的软件实现，是瑞典计算机科学院（SICS）的 Adam Dunkels 开发的一个小型开源的 TCP/IP 协议栈。它支持多网络接口下的 IP 转发、ICMP、UDP、TCP、DHCP 等。LwIP 的特点是以非常轻量化的方式实现了以上的协议栈，对内存和计算的需求非常少，因此非常适合在低端的嵌入式系统中使用，而且为了提高程序的性能，还做了多种优化，比如提供底层回调接口、尽可能地共享内存而不拷贝、减少进程间的上下文切换等。

从实现 TCP/IP 协议栈的难易角度考虑，最简单的办法是按照协议栈的方式让每一层的协议都在一个独立的进程中，这样代码的可读性和易维护性都很好，但是带来了大量的上下文切换的耗费。LwIP 的做法是使用它的 RAW API，此时各种协议的代码都在一个进程中，应用程序也在此进程中，于是就没有任何上下文切换，也没有数据拷贝，缺点就是应用程序对于数据的处理可能会阻碍协议栈的执行，导致网络性能差。另一个办法是使用它的 LwIP API，此时应用程序和 LwIP 分别在不同的线程中，应用程序通过注册 LwIP 的高级别回调函数的方式来使用 LwIP 的功能。

1. 总体框架

每个协议都被当作一个模块来实现，提供一些和其他模块的交互接口，并做到各层分开，但是为了节约计算和内存资源，有些关键的层和模块之间会有内存共享而非内存拷贝，而且 LwIP 除了有实现协议的模块，还有一些模拟操作系统功能的支撑模块，比如缓冲和存储管理子系统、网络接口函数和一些处理因特网校验和的函数。

2. 进程模型

LwIP 的设计思想是，把所有的模块放在同一个过程中，并与操作系统分开，而应用程序既可以与 LwIP 在同一个过程中，也可以与 LwIP 的过程分开，在单独的过程中。对于前者来说，应用程序和 LwIP 协议栈之间通过函数调用实现；对于后者来说，应用程序和 LwIP 协议栈之间通过更为抽象的 API 实现。这种设计方式的好处是可以很方便地在各种操作系统上移植，需要移植的部分称为操作系统模拟层，里面有定时器、同步机制、信号量、邮箱等。LwIP 的总体框架和模块间交互如图 6-9 所示。

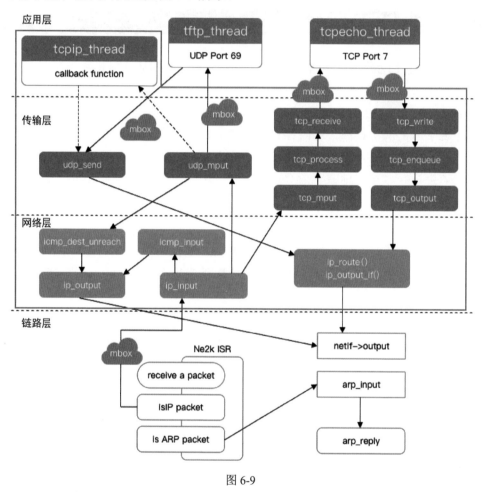

图 6-9

3. 网络接口

网络接口（netif）是一种描述网卡的结构体，关键代码如下。

```
struct netif {
#if LWIP_IPV4
  /** IP address configuration in network byte order */
  ip_addr_t ip_addr;  /**< Indicates the IP address configuration in
network byte order. */
  ip_addr_t netmask;  /**< Indicates the netmask for the IP. */
  ip_addr_t gw;       /**< Indicates the gateway. */

#endif /* LWIP_IPV4 */
#if LWIP_IPV6
  /** Array of IPv6 addresses for this netif. */
  ip_addr_t ip6_addr[LWIP_IPV6_NUM_ADDRESSES];
  /** The state of each IPv6 address (Tentative, Preferred, etc).
   * @see ip6_addr.h */
  u8_t ip6_addr_state[LWIP_IPV6_NUM_ADDRESSES];
#endif /* LWIP_IPV6 */
  /** This function is called by the network device driver
   * to pass a packet up the TCP/IP stack. */
  netif_input_fn input;
#if LWIP_IPV4
  /** This function is called by the IP module when it wants
   * to send a packet on the interface. This function typically
   * first resolves the hardware address, then sends the packet.
   * For ethernet physical layer, this is usually etharp_output() */
  netif_output_fn output;
#endif /* LWIP_IPV4 */
  /** This function is called by ethernet_output() when it wants
   * to send a packet on the interface. This function outputs
   * the pbuf as-is on the link medium. */
  netif_linkoutput_fn linkoutput;
  /* the hostname buffer for this netif. */
  char hostname[NETIF_HOSTNAME_MAX_LEN];
  /** maximum transfer unit (in bytes) */
  u16_t mtu;       /**< Maximum transfer unit (in bytes). */
  /** number of bytes used in hwaddr */
  u8_t hwaddr_len;  /**< Number of bytes used in hwaddr. \n */
```

```
/* Indicates the link level hardware address of this interface. */
u8_t hwaddr[NETIF_MAX_HWADDR_LEN];   /**< Indicates the link level
hardware address
of this interface. */
/* link layer type, ethernet or wifi */
u16_t link_layer_type;   /**< Indicates whether the link layer type is
ethernet or wifi. */
/* flags (see NETIF_FLAG_ above) */
u32_t flags;  /**< Indicates flags (see NETIF_FLAG_ above). */
/** descriptive abbreviation */
char name[IFNAMSIZ];  /**< Descriptive abbreviation. */
/** number of this interface */
u8_t num;    /**< Indicates the number of this interface. */
u8_t ifindex; /* Interface Index mapped to each netif. Starts from 1
*/
};
```

这个结构体非常复杂，大体上的作用有以下几个：

（1）结构体里的 next 指针指向代表了下一个网卡的 netif 结构体。

（2）ip_addr、ip_addr_t netmask 等字段存放本网卡的 IP 地址子网掩码等必要属性。

（3）input 函数指针，当网卡收到数据包的时候，网卡驱动会调用这个函数来处理数据包。

（4）output 函数指针，指向网卡驱动里发送数据包的函数，用于把数据包发走。

4．IP 处理框架

LwIP 实现 IP 的基础功能，也就是发送、接收和转发数据包，但不能处理 IP 层的分包，不过仍可以满足大多数应用的需求。

对于接收的 IP 数据包，处理从 ip_input()函数被设备驱动程序调用开始。先做一些必要的解析，然后得到这个数据包的目的 IP 地址。如果发现这个数据包是发送给本主机的，那么交给上层协议模块处理，否则，调用 ip_forward()函数进行转发。

对于一个要发送的数据包，由函数 ip_output()处理。它会使用 ip_route()函数和 ip_output_if()函数来上传这个数据包。最终，该数据包被包装成链路层的帧数据，然后由 output()函数完成发送。

5. UDP处理框架

UDP 的处理过程相对比较简单，它的数据结构的核心部分是一个 udp_pcb 结构体，用于记录和处理每个会话（session），会话由 local_ip、dest_ip、local_port、dest_port 这些 IP 地址和端口号字段来定义，处理方法由 recv 和 recv_arg 字段决定。udp_pcb 结构体的具体内容如下。

```c
struct udp_pcb {
/* Common members of all PCB types */
  IP_PCB;

/* Protocol specific PCB members */

  struct udp_pcb *next;

  u8_t flags;
/* ports are in host byte order */
  u16_t local_port, remote_port;
  u32_t   last_payload_len;
#if LWIP_MULTICAST_TX_OPTIONS
#if LWIP_IPV4
/** outgoing network interface for multicast packets, by IPv4 address
(if not 'any') */
  ip4_addr_t mcast_ip4;
#endif /* LWIP_IPV4 */
/** outgoing network interface for multicast packets, by interface
index (if nonzero) */
  u8_t mcast_ifindex;
/** TTL for outgoing multicast packets */
  u8_t mcast_ttl;
#endif /* LWIP_MULTICAST_TX_OPTIONS */

#if LWIP_UDPLITE
```

```
 /* used for UDP_LITE only */
 u16_t chksum_len_rx, chksum_len_tx;
#endif /* LWIP_UDPLITE */

 /* receive callback function */
 udp_recv_fn recv;
 /* user-supplied argument for the recv callback */
 void *recv_arg;

#if LWIP_SO_PRIORITY
 prio_t priority;
#endif /* LWIP_SO_PRIORITY */

#if LWIP_IPV6 && LWIP_MAC_SECURITY
 u8_t macsec_reqd: 1;
#endif
};
```

UDP 的收发流程相对简单，如图 6-10 所示。

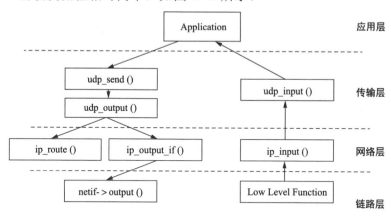

图 6-10

6. TCP处理框架

TCP 是一种面向连接的、可靠的传输协议，该协议比 UDP 复杂得多，因此实现它的模块也比 UDP 模块复杂得多。它的核心数据结构是一个被称为 **tcp_pcb** 的结构体，除了双方的 IP 地址端口号，还要保留一些状态信息和计算缓冲区及拥塞控制的字段，另外还有一些记录序列号的字段、队列信息等。结构体的具体内容如下。

```
struct tcp_pcb {
  /** common PCB members */
  IP_PCB;
  /** protocol specific PCB members */
  TCP_PCB_COMMON(struct tcp_pcb)

  /* ports are in host byte order */
  u16_t remote_port;

  /* receiver variables */
  u32_t rcv_nxt;   /* next seqno expected */
  tcpwnd_size_t rcv_wnd;   /* receiver window available */
  tcpwnd_size_t rcv_ann_wnd; /* receiver window to announce */
  u32_t rcv_ann_right_edge; /* announced right edge of window */

  /* Retransmission timer. */
  s16_t rtime;

  u16_t mss;   /* maximum segment size, the real value used to do
segmentation */
  u16_t rcv_mss; /* mss from peer side */

  u16_t pad4;

  /* RTT (round trip time) estimation variables */
  u32_t rttest;   /* The start time of RTT sample in ms, the granularity
is system tick */
  u32_t rtseq;   /* sequence number being timed */
  s16_t sa;   /* smoothed round-trip time, 8 times of SRTT in RFC6298 */
};
```

基本的 TCP 处理由以下函数负责：

（1）函数 tcp_input()、tcp_process()、tcp_receive()负责 TCP 报文的输入。

（2）函数 tcp_write()、tcp_enqueue()、tcp_output()负责 TCP 报文的输出。也就是说，当程序收到 TCP 报文的时候，ip_input()函数会解析出 TCP 报文，然后交给 tcp_input()函数，这个函数会对 TCP 报文头和校验码做解析，并确认这段报文所属的 TCP 连接，然后把数据交给 tcp_process()函数。tcp_process()函数在收到数据后，根据对数据的进一步解析来维护所属的 TCP 连接的连接状态，以及做一些必要的状态转换，如果判断出接收到的是业务数据，函数 tcp_receive() 将被调用，把数据传给上层业务程序，如果是其他情况，比如是对方请求数据后的应答 ACK 报文，那么会调用 tcp_output()函数发送更多报文。当程序要发送数据的时候，tcp_write()函数会被调用，将传入的业务层数据 arg 当作 payload 进行封装，然后交给 tcp_enqueue()函数，将数据做适当大小的分割，存入发送队列，最后 tcp_output()函数会检查接收方的空闲缓冲区和网络拥塞情况来决定是否发送报文。如果要发送，那么调用 IP 的 ip_route()和 ip_output_if()两个函数来发送。具体流程如图 6-11 所示。

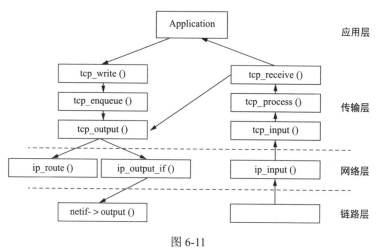

图 6-11

6.3 TCP编程

6.3.1 TCP 客户端程序

由于 TCP/IP 已经被 LwIP 等软件实现了，并通过 socket（套接字）向开发

者提供服务，所以开发者只需要通过 socket 就可以进行网络编程。socket 分为
TCP socket 和 UDP socket，分别用于开发基于 TCP 通信的程序和基于 UDP 通
信的程序。不论是进行 TCP 通信还是进行 UDP 通信，在网络两端进行通信的
程序都各有一个 socket，一个是客户端 socket，另一个是服务端 socket，两者
的处理过程并不一样。

下面先介绍 TCP 客户端 socket 的编程，基本上就是创建一个 TCP socket，
用它来连接对方，在连接成功后就可以收/发消息了。在收/发消息结束后就关
闭 socket。这就隐藏了三次握手、四次挥手、流量控制、拥塞控制等一系列细
节。具体实现的代码如下。

```c
#include <stdio.h>
#include <string.h>
#include <unistd.h>

#include "net_demo.h"
#include "net_common.h"

static char request[] = "Hello";
static char response[128] = "";

void TcpClientTest(const char* host, unsigned short port)
{
    ssize_t retval = 0;
    int sockfd = socket(AF_INET, SOCK_STREAM, 0); // TCP socket

    struct sockaddr_in serverAddr = {0};
    serverAddr.sin_family = AF_INET;  // AF_INET 表示 IPv4 协议
    serverAddr.sin_port = htons(port);  // 端口号，从主机字节序转为网络字节序
    if (inet_pton(AF_INET, host, &serverAddr.sin_addr) <= 0) {  // 将
主机 IP 地址从"点分十进制"字符串转化为标准格式（32 位整数）
        printf("inet_pton failed!\r\n");
        goto do_cleanup;
    }

    // 尝试和目标主机建立连接，若连接成功，则返回 0，若连接失败，则返回-1
    if (connect(sockfd, (struct sockaddr *)&serverAddr,
```

```
sizeof(serverAddr)) < 0) {
    printf("connect failed!\r\n");
    goto do_cleanup;
}
printf("connect to server %s success!\r\n", host);

// 在建立连接成功后，这个TCP socket 描述符 —— sockfd 就具有了 "连接状态"
retval = send(sockfd, request, sizeof(request), 0);
if (retval < 0) {
    printf("send request failed!\r\n");
    goto do_cleanup;
}
printf("send request{%s} %ld to server done!\r\n", request, retval);

retval = recv(sockfd, &response, sizeof(response), 0);
if (retval <= 0) {
    printf("send response from server failed or done, %ld!\r\n",
retval);
    goto do_cleanup;
}
response[retval] = '\0';
printf("recv response{%s} %ld from server done!\r\n", response,
retval);

do_cleanup:
    printf("do_cleanup...\r\n");
    close(sockfd);
}


CLIENT_TEST_DEMO(TcpClientTest);
```

可以看到，程序还是比较清晰的：

（1）创建一个叫 sockfd 的 TCP socket 句柄，以及一个 sockaddr_in 类型的变量 serverAddr，设置了服务器的 IP 地址和端口号。

（2）使用 connect()函数和服务器建立连接。

（3）在连接建立后，使用 send()函数向服务器发送数据。

（4）在发送数据成功后，使用 recv()函数等待服务器的回复数据。

（5）使用 close()函数关闭此 sockfd。

6.3.2　TCP 服务端程序

TCP 服务端 socket 编程要比客户端编程复杂。大体过程是创建一个 TCP socket，然后将自己和要监听的端口号绑定在一起。一旦监听到客户端发来的连接请求，就创建一个新的 socket，用它来和客户端收/发消息。在收/发消息结束后，就关闭 socket。同样，这些操作隐藏了协议栈的细节。具体实现的代码如下。

```c
#include <errno.h>
#include <stdio.h>
#include <string.h>
#include <stddef.h>
#include <unistd.h>

#include "net_demo.h"
#include "net_common.h"

static char request[128] = "";
void TcpServerTest(unsigned short port)
{
    ssize_t retval = 0;
    int backlog = 1;
    int sockfd = socket(AF_INET, SOCK_STREAM, 0); // TCP socket
    int connfd =-1;

    struct sockaddr_in clientAddr = {0};
    socklen_t clientAddrLen = sizeof(clientAddr);
    struct sockaddr_in serverAddr = {0};
    serverAddr.sin_family = AF_INET;
    serverAddr.sin_port = htons(port);  // 端口号，从主机字节序转为网络字节序
    serverAddr.sin_addr.s_addr = htonl(INADDR_ANY); // 允许任意主机接入，
```

0.0.0.0

```
    retval = bind(sockfd, (struct sockaddr *)&serverAddr,
sizeof(serverAddr)); // 绑定端口
    if (retval < 0) {
        printf("bind failed, %ld!\r\n", retval);
        goto do_cleanup;
    }
    printf("bind to port %d success!\r\n", port);

    retval = listen(sockfd, backlog); // 开始监听
    if (retval < 0) {
        printf("listen failed!\r\n");
        goto do_cleanup;
    }
    printf("listen with %d backlog success!\r\n", backlog);
```

// 接受客户端发来的连接请求，若成功，则返回一个表示连接的 socket，clientAddr 参数将会携带客户端主机和端口信息；若失败，则返回-1
// 此后的收/发消息都在表示连接的 socket 上进行；之后 sockfd 依然可以继续接受其他客户端的连接
// UNIX 系统上经典的并发模型是"每个连接一个进程"——创建子进程处理连接，父进程继续接受其他客户端的连接
// 在 HarmonyOS liteos-a 内核之上，可以使用 UNIX 的"每个连接一个进程"的并发模型
// 在 liteos-m 内核之上，可以使用"每个连接一个线程"的并发模型

```
    connfd = accept(sockfd, (struct sockaddr *)&clientAddr,
&clientAddrLen);
    if (connfd < 0) {
        printf("accept failed, %d, %d\r\n", connfd, errno);
        goto do_cleanup;
    }
    printf("accept success, connfd = %d!\r\n", connfd);
    printf("client addr info: host = %s, port = %d\r\n",
inet_ntoa(clientAddr.sin_addr), ntohs(clientAddr.sin_port));
```

// 后续收/发消息都在表示连接的 socket 上进行；

```
    retval = recv(connfd, request, sizeof(request), 0);
    if (retval < 0) {
        printf("recv request failed, %ld!\r\n", retval);
        goto do_disconnect;
    }
    printf("recv request{%s} from client done!\r\n", request);

    retval = send(connfd, request, strlen(request), 0);
    if (retval <= 0) {
        printf("send response failed, %ld!\r\n", retval);
        goto do_disconnect;
    }
    printf("send response{%s} to client done!\r\n", request);

do_disconnect:
    sleep(1);
    close(connfd);
    sleep(1); // for debug

do_cleanup:
    printf("do_cleanup...\r\n");

    close(sockfd);
}


SERVER_TEST_DEMO(TcpServerTest);
```

TCP 服务端程序的流程相对复杂一些，如下所示：

（1）创建一个被称为 sockfd 的 TCP socket 句柄，用于服务器监听客户端的连接请求。创建另一个被称为 connfd 的 socket 句柄，用于连接成功后和客户端通信。创建一个 sockaddr_in 类型的变量 serverAddr，配置了本服务器的端口号。创建一个 sockaddr_in 类型的变量 clientAddr，用于记录连接服务器的客户端的 IP 地址和端口号。

（2）使用 bind()函数将 sockfd 与本服务器的 IP 地址和端口号绑定在一起。这样与该 IP 地址和端口号相关的收/发数据都与 sockfd 相关联。

（3）在调用 bind()函数成功后，接着调用 listen()函数，作用是让 sockfd 在指定的 IP 地址和端口号上监听客户端发起的连接请求。listen()函数是不阻塞的，它只是告诉内核，客户端对规定的 IP 地址和端口号发起的三次握手成功后，内核应该将连接的相关信息放入 sockfd 对应的队列。

（4）在调用 listen()函数成功后，接着调用 accept()函数。该函数是阻塞的，会一直等待 sockfd 所对应的队列里面是否有完成三次握手的连接，如果有，那么会返回一个被称为 connfd 的新的 socket 句柄。

（5）与客户端的连接已经建立，使用代表这个连接的 socket 句柄 connfd 来和客户端通信，也就是执行 recv()、send()函数。

（6）使用 close()函数关闭 sockfd 和 connfd。

TCP 客户端和 TCP 服务端的整体通信流程如图 6-12 所示。

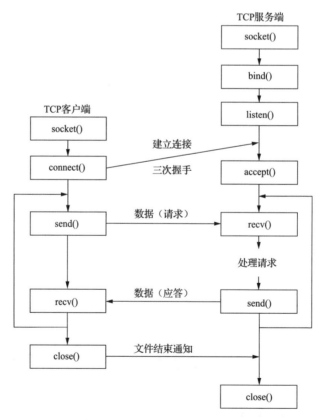

图 6-12

6.4 UDP编程

6.4.1 UDP 客户端程序

　　UDP 编程同样也分成客户端编程和服务端编程两个部分，处理流程是不一样的。其中，UDP 客户端 socket 的编程是最简单的，基本上就是创建一个 UDP socket，然后直接向服务器发送消息，再接收来自服务器的返回消息。在收/发消息结束后，就关闭 socket。由于 UDP 不需要连接，所以也没有太多的细节需要处理。具体实现的代码如下。

```c
#include <errno.h>
#include <stdio.h>
#include <string.h>
#include <unistd.h>

#include "net_demo.h"
#include "net_common.h"

static char request[] = "Hello.";
static char response[128] = "";

void UdpClientTest(const char* host, unsigned short port)
{
    ssize_t retval = 0;
    int sockfd = socket(AF_INET, SOCK_DGRAM, 0); // UDP socket

    struct sockaddr_in toAddr = {0};
    toAddr.sin_family = AF_INET;
    toAddr.sin_port = htons(port); // 端口号，从主机字节序转为网络字节序
    if (inet_pton(AF_INET, host, &toAddr.sin_addr) <= 0) { // 将主机的
// IP 地址从"点分十进制"字符串转化为标准格式（32 位整数）
        printf("inet_pton failed!\r\n");
```

```
    goto do_cleanup;
  }

  // UDP socket 是"无连接的", 因此每次发送消息都必须先指定目标主机和端口, 主
机可以是多播地址的
  retval = sendto(sockfd, request, sizeof(request), 0, (struct
sockaddr *)&toAddr, sizeof(toAddr));
  if (retval < 0) {
    printf("sendto failed!\r\n");
    goto do_cleanup;
  }
  printf("send UDP message {%s} %ld done!\r\n", request, retval);

  struct sockaddr_in fromAddr = {0};
  socklen_t fromLen = sizeof(fromAddr);

  // UDP socket 是"无连接的", 因此在每次接收消息时并不知道消息来自何处, 通过
fromAddr 参数可以得到发送方的信息(主机、端口号)
  retval = recvfrom(sockfd, &response, sizeof(response), 0, (struct
sockaddr *)&fromAddr, &fromLen);
  if (retval <= 0) {
    printf("recvfrom failed or abort, %ld, %d!\r\n", retval, errno);
    goto do_cleanup;
  }
  response[retval] = '\0';
  printf("recv UDP message {%s} %ld done!\r\n", response, retval);
  printf("peer info: ipaddr = %s, port = %d\r\n",
inet_ntoa(fromAddr.sin_addr), ntohs(fromAddr.sin_port));

do_cleanup:
  printf("do_cleanup...\r\n");
  close(sockfd);
}

CLIENT_TEST_DEMO(UdpClientTest);
```

程序流程如下：

（1）创建一个叫 sockfd 的 UDP socket 句柄，以及一个 sockaddr_in 类型的变量 toAddr，并设置服务器的 IP 地址和端口号。

（2）使用 sendto()函数向服务器发送数据。

（3）使用 recvfrom()函数从服务器接收数据。

（4）使用 close()函数关闭此 sockfd。

6.4.2　UDP 服务端程序

UDP 服务端 socket 的编程稍微复杂一些，基本上就是创建一个 UDP socket，并将自己绑定在要监听的端口号上，然后接收来自客户端的消息，并将自己的消息发送回客户端。在收/发消息结束后，就关闭 socket。具体实现的代码如下。

```c
#include <errno.h>
#include <stdio.h>
#include <string.h>
#include <unistd.h>

#include "net_demo.h"
#include "net_common.h"

static char message[128] = "";
void UdpServerTest(unsigned short port)
{
    ssize_t retval = 0;
    int sockfd = socket(AF_INET, SOCK_DGRAM, 0); // UDP socket

    struct sockaddr_in clientAddr = {0};
    socklen_t clientAddrLen = sizeof(clientAddr);
    struct sockaddr_in serverAddr = {0};
    serverAddr.sin_family = AF_INET;
    serverAddr.sin_port = htons(port);
```

```
    serverAddr.sin_addr.s_addr = htonl(INADDR_ANY);

    retval = bind(sockfd, (struct sockaddr *)&serverAddr,
sizeof(serverAddr));
    if (retval < 0) {
        printf("bind failed, %ld!\r\n", retval);
        goto do_cleanup;
    }
    printf("bind to port %d success!\r\n", port);

    retval = recvfrom(sockfd, message, sizeof(message), 0, (struct
sockaddr *)&clientAddr, &clientAddrLen);
    if (retval < 0) {
        printf("recvfrom failed, %ld!\r\n", retval);
        goto do_cleanup;
    }
    printf("recv message {%s} %ld done!\r\n", message, retval);
    printf("peer info: ipaddr = %s, port = %d\r\n",
inet_ntoa(clientAddr.sin_addr), ntohs(clientAddr.sin_port));

    retval = sendto(sockfd, message, strlen(message), 0, (struct
sockaddr *)&clientAddr, sizeof(clientAddr));
    if (retval <= 0) {
        printf("send failed, %ld!\r\n", retval);
        goto do_cleanup;
    }
    printf("send message {%s} %ld done!\r\n", message, retval);

do_cleanup:
    printf("do_cleanup...\r\n");

    close(sockfd);
}
SERVER_TEST_DEMO(UdpServerTest);
```

UDP 服务端程序的流程比 TCP 服务端程序的流程简单一些，如下所示：

（1）创建一个叫 sockfd 的 socket 句柄，用于服务器监听客户端的连接请求。创建一个 sockaddr_in 类型的变量 serverAddr，配置本服务器的端口号。创建一个 sockaddr_in 类型的变量 clientAddr，用于记录连接服务器的客户端的 IP 地址和端口号。

（2）使用 bind()函数将 sockfd 与本服务器的 IP 地址和端口号绑定在一起。这样与该 IP 地址和端口号相关的收/发数据都与 sockfd 相关联。

（3）在调用 bind()函数成功后，接着调用 recvfrom()函数接收来自客户端的消息，并用客户端的 IP 地址和端口号填充变量 clientAddr。

（4）调用 sendto()函数发送消息，客户端的 IP 地址和端口号由变量 clientAddr 提供。

（5）使用 close()函数关闭此 sockfd。

UDP 客户端和 UDP 服务端的整体通信流程如图 6-13 所示。

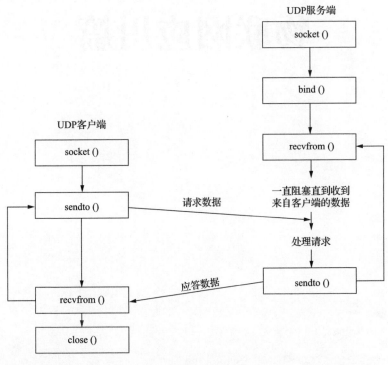

图 6-13

物联网应用篇

第 7 章

HarmonyOS IoT 设备内核的编程接口

7.1 CMSIS-RTOS API V2简介及HarmonyOS 适配情况

CMSIS-RTOS API V2 是在 CMSIS-RTOS API V1 的基础上发展而来的，是一组标准的系统编程 API 的定义。在 HarmonyOS 中，引入了 CMSIS-RTOS API V2 作为 LiteOS 内核与应用程序之间的抽象层。CMSIS-RTOS API V2 在整个 HarmonyOS 中的位置如图 7-1 所示。

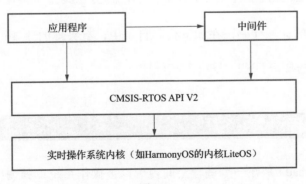

图 7-1

CMSIS-RTOS API V2 提供了实时操作系统内核和中间件及应用程序之间的标准接口。如果应用程序基于 CMSIS-RTOS API V2 实现，那么可以很容易地移植到其他支持 CMSIS-RTOS API V2 的操作系统中，因而增加了应用程序的可重用性。

CMSIS-RTOS API V2 的全部 API 定义在 cmsis_os2.h 中，在 CMSIS-RTOS API V2 的官方网站上，可以下载该文件。全部 API 的名称和说明可以参考表 7-1。

表 7-1

API 名称	说明
内核信息和控制（Kernel Information and Control）	提供了系统、内核的版本等信息的获取功能，并且可以通过相关接口启动、控制内核
线程管理（Thread Management）	定义、创建和控制线程
线程标识（Thread Flags）	用于线程同步的线程标识设置和清除
事件标识（Event Flags）	用于线程同步的事件标识设置和清除
通用等待功能（Generic Wait Functions）	等待功能
定时器管理（Timer Management）	创建和控制定时器及定时器回调函数
互斥锁管理（Mutex Management）	通过使用互斥锁来同步资源访问
信号量（Semaphores）	使用信号量来同步多线程对共享资源的访问
内存池（Memory Pool）	管理多线程访问安全的固定大小的动态内存
消息队列（Message Queue）	通过先进先出队列在进程间交换消息

目前，HarmonyOS 的内核是 LiteOS。对于基于 Cortex M 系列芯片实现的 LiteOS_m 中，HarmonyOS 提供了对于 CMSIS-RTOS API V2 的完整实现，其中 API 的定义文件作为 HarmonyOS 的第三方软件直接引入，位置如下：

```
third_party/cmsis/CMSIS/RTOS2/Include/cmsis_os2.h
```

对于实现的详细代码，在如下代码目录中，有兴趣的读者可以详细阅读。

```
Kernel/liteos_m/components/cmsis/2.0
```

7.2 线程

线程（Thread）是在一个进程空间内可以被操作系统单独调度的运行单位，与本进程的其他线程共享进程的地址空间和运行上下文。HarmonyOS 通过提供标准的线程操作 API，实现了线程的定义和创建，并通过设置线程的属性来控制线程的行为。与线程操作相关的 API 如表 7-2 所示。

表 7-2

API 名称	说明
osThreadNew	创建一个线程，并将其加入活跃线程组中
osThreadGetName	返回指定线程的名字
osThreadGetId	返回当前线程的线程 ID
osThreadGetState	返回当前线程的状态
osThreadSetPriority	设置指定线程的优先级
osThreadGetPriority	获取当前线程的优先级
osThreadYield	将运行控制转交给下一个处于 READY 状态的线程
osThreadSuspend	挂起指定线程的运行
osThreadResume	恢复指定线程的运行
osThreadDetach	分离指定的线程（当线程终止运行时，线程存储可以被回收）
osThreadJoin	等待指定线程终止运行
osThreadExit	终止当前线程的运行
osThreadTerminate	终止指定线程的运行
osThreadGetStackSize	获取指定线程的栈空间大小
osThreadGetStackSpace	获取指定线程的未使用的栈空间大小
osThreadGetCount	获取活跃线程数
osThreadEnumerate	获取线程组中的活跃线程数

下面通过一个程序来看一下线程的创建。为了演示方便，我们定义了一个日志宏 RTOSV2_PRINTF：

```
#define RTOSV2_PRINTF(fmat,...) \
do { \
    printf("RTOSV2.0_TEST: "); \
    printf(fmat,##__VA_ARGS__); \
    printf("\r\n"); \
} while (0)
```

该宏的目的是打印输出调试信息，在下面的所有实例代码中都会使用到。下面是使用线程管理 API 编写的线程创建实例函数。

```
osThreadId_t newThread(char *name, osThreadFunc_t func, void *arg) {
```

```
osThreadAttr_t attr = {
    name, 0, NULL, 0, NULL, 1024*2, osPriorityNormal, 0, 0
};
osThreadId_t tid = osThreadNew(func, arg, &attr);
if (tid == NULL) {
    RTOSV2_PRINTF("osThreadNew(%s) failed.", name);
} else {
    RTOSV2_PRINTF("osThreadNew(%s) success, thread id: %d.", name,
tid);
}
return tid;
}
```

上述 newThread 函数通过调用 osThreadNew 创建了一个线程。如果创建成功，那么打印出线程的名字和该线程的线程 ID。下面是 osThreadNew 的详细说明。

```
osThreadId_t osThreadNew (osThreadFunc_t func, void *argument, const
osThreadAttr_t *attr);
```

从上述定义中可以看出，osThreadNew 包含三个参数，第一个参数 func 是线程的运行函数，在实例中为函数 func，第二个参数 argument 是线程函数的参数，在实例中为变量 arg，第三个参数 attr 通过类型 osThreadAttr_t 指定了该线程的属性。osThreadNew 运行成功之后，返回该线程的线程 ID。osThreadAttr_t 的详细定义如下：

```
typedef struct {
    /**线程名 */
    const char        *name;
    /**线程属性位 */
    uint32_t          attr_bits;
    /**线程控制块的内存初始地址，默认为系统自动分配*/
    void              *cb_mem;
    /**线程控制块的内存大小*/
    uint32_t          cb_size;
    /**线程栈的内存初始地址，默认为系统自动分配*/
    void              *stack_mem;
```

```
/**线程栈的内存大小*/
uint32_t          stack_size;
/**线程优先级，默认为osPriorityNormal */
osPriority_t       priority;
/** TrustZone 模块标识符，默认不指定TrustZone*/
TZ_ModuleId_t     tz_module;
/** Reserved 保留，必须为0*/
uint32_t          reserved;
} osThreadAttr_t;
```

在实例程序中，线程的初始属性定义如下：

```
osThreadAttr_t attr = {
    name, 0, NULL, 0, NULL, 1024*2, osPriorityNormal, 0, 0
};
```

除了给定线程的名字、线程栈内存大小和线程优先级，都使用了默认值。

创建线程运行函数 threadTest 如下，该函数的功能很简单，即先打印出自己的参数，对一个全局变量 count 执行无限循环加 1 操作，然后打印出 count 的值。为了便于演示，在打印 count 值之后，我们调用 osDelay 让线程等待 20 个时钟周期。osDelay 的功能在 7.3 节说明。

```
void threadTest(void *arg) {
    static int count = 0;
    RTOSV2_PRINTF("%s",(char *)arg);
    osThreadId_t tid = osThreadGetId();
    RTOSV2_PRINTF("threadTest osThreadGetId, thread id:%p", tid);
    while (1) {
        count++;
        RTOSV2_PRINTF("threadTest, count: %d.", count);
        osDelay(20);
    }
}
```

下面创建一个主程序 rtosv2_thread_main 来创建线程并运行，该程序创建了一个名为 test_thread 的线程，它的线程运行函数是 threadTest，线程运行函数的参数是 "This is a test thread."。接着，该程序调用表 7-2 中的各个 API 对线程进行相关操作，最后通过 osThreadTerminate 终止创建线程的运行。

```
void rtosv2_thread_main(void *arg) {
    (void)arg;
    osThreadId_t tid=newThread("test_thread", threadTest, "This is a
test thread.");

    const char *t_name = osThreadGetName(tid);
    RTOSV2_PRINTF("osThreadGetName, thread name: %s.", t_name);

    osThreadState_t state = osThreadGetState(tid);
    RTOSV2_PRINTF("osThreadGetState, state :%d.", state);

    osStatus_t status = osThreadSetPriority(tid, osPriorityNormal4);
    RTOSV2_PRINTF("osThreadSetPriority, status: %d.", status);

    osPriority_t pri = osThreadGetPriority (tid);
    RTOSV2_PRINTF("osThreadGetPriority, priority: %d.", pri);

    status = osThreadSuspend(tid);
    RTOSV2_PRINTF("osThreadSuspend, status: %d.", status);

    status = osThreadResume(tid);
    RTOSV2_PRINTF("osThreadResume, status: %d.", status);

    uint32_t stacksize = osThreadGetStackSize(tid);
    RTOSV2_PRINTF("osThreadGetStackSize, stacksize: %d.", stacksize);

    uint32_t stackspace = osThreadGetStackSpace(tid);
    RTOSV2_PRINTF("osThreadGetStackSpace, stackspace: %d.",
stackspace);

    uint32_t t_count = osThreadGetCount();
    RTOSV2_PRINTF("osThreadGetCount, count: %d.", t_count);

    osDelay(100);
```

```
    status = osThreadTerminate(tid);
    RTOSV2_PRINTF("osThreadTerminate, status: %d.", status);
}
```

该程序的运行日志如下：

```
RTOSV2.0_TEST: osThreadNew(test_thread) success.
RTOSV2.0_TEST: osThreadGetName, thread name: test_thread.
RTOSV2.0_TEST: osThreadGetState, state :1.
RTOSV2.0_TEST: This is a test thread.  <-testThread log
RTOSV2.0_TEST: threadTest osThreadGetId, thread id:0xe8544
RTOSV2.0_TEST: threadTest, count: 1.  <-testThread log
RTOSV2.0_TEST: osThreadSetPriority, status: 0.
RTOSV2.0_TEST: osThreadGetPriority, priority: 28.
RTOSV2.0_TEST: osThreadSuspend, status: 0.
RTOSV2.0_TEST: osThreadResume, status: 0.
RTOSV2.0_TEST: osThreadGetStackSize, stacksize: 2048.
RTOSV2.0_TEST: osThreadGetStackSpace, stackspace: 1144.
RTOSV2.0_TEST: osThreadGetCount, count: 12.
RTOSV2.0_TEST: threadTest, count: 2.  <-testThread log
RTOSV2.0_TEST: threadTest, count: 3.  <-testThread log
RTOSV2.0_TEST: threadTest, count: 4.  <-testThread log
RTOSV2.0_TEST: threadTest, count: 5.  <-testThread log
RTOSV2.0_TEST: threadTest, count: 6.  <-testThread log
RTOSV2.0_TEST: osThreadTerminate, status: 0.
```

结合运行日志，可以看到在成功创建 test_thread 线程之后，主线程进行了如下操作：

（1）调用 osThreadGetName 获取线程 threadTest 的名字 test_thread。

（2）调用 osThreadGetState 获取线程的状态。当前状态为 1，表示线程处于 osThreadReady 状态。

（3）调用 osThreadSetPriority 设置线程的优先级为 osPriorityNormal4。

（4）调用 osThreadGetPriority 获取线程的优先级，获得优先级的值为 28，而 osPriorityNormal4 这个枚举值的定义就是 28，因此，可以确认上一步设置线程的优先级成功。

（5）调用 osThreadSuspend 将线程挂起。

（6）调用 osThreadResume 将线程恢复运行。

（7）调用 osThreadGetStackSize 获取线程运行栈大小为 2048。

（8）调用 osThreadGetCount 获取当前活跃线程数为 12。

（9）调用 osThreadTerminate 终止线程 threadTest 的运行。

另外，由于主线程和 test_thread 线程同时运行，因此它们的运行日志混在一起。对于 test_thread 线程的运行日志，通过<-testThread log 进行了标记。

7.3 等待

当一个线程的处理工作告一段落时，其要放弃对 CPU 的占用，等待（Delay）一定的时间，然后再恢复运行。可以通过调用与等待相关的 API 来完成该操作。线程与等待相关的 API 如表 7-3 所示。

表 7-3

API 名称	说明
osDelay	等待指定的 ticks
osDelayUntil	等待到指定的时钟周期

图 7-2 说明了 osDelay 的实际等待时间，从图中可以看出等待两个时钟周期的意思是指等待系统时钟发出了 2 次时钟信号，实际等待的时间没有 2 个时钟周期，只有 1.3 个时钟周期。

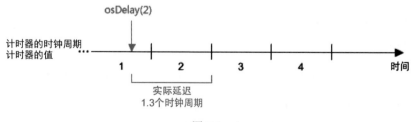

图 7-2

下面是使用 **osDelay** 和 **osDelayUntil** 的实例程序。

```
void rtosv2_delay_main(void *arg) {
    (void)arg;

    RTOSV2_PRINTF("Current system tick: %d.", osKernelGetTickCount());
    osStatus_t status = osDelay(100);
    RTOSV2_PRINTF("osDelay, status: %d.", status);
    RTOSV2_PRINTF("Current system tick: %d.", osKernelGetTickCount());

    uint32_t tick = osKernelGetTickCount();
    tick += 100;
    status = osDelayUntil(tick);
    RTOSV2_PRINTF("osDelayUntil, status: %d.", status);
    RTOSV2_PRINTF("Current system tick: %d.", osKernelGetTickCount());
}
```

rtosv2_delay_main 函数首先调用 **osDelay** 让线程等待 100 个时钟周期，然后通过 **osKernelGetTickCount** 获取系统的当前时钟周期计数 tick，在这个基础上增加 100 个时钟周期，之后调用 **osDelayUntil** 让线程等待到 tick+100 个时钟周期后恢复运行。

该程序的运行日志如下：

```
RTOSV2.0_TEST: Current system tick: 248.
RTOSV2.0_TEST: osDelay, status: 0.
RTOSV2.0_TEST: Current system tick: 348.
RTOSV2.0_TEST: osDelayUntil, status: 0.
RTOSV2.0_TEST: Current system tick: 448.
```

从运行日志中可以看出，**osDelay** 和 **osDelayUtil** 都实现了让应用程序等待相应的时钟周期。

7.4 软定时器

软定时器（Timer）提供了在一定时间结束后执行指定回调函数的功能。与定时器操作相关的 API 如表 7-4 所示。

表 7-4

API 名称	说明
osTimerNew	创建和初始化定时器
osTimerGetName	获取指定的定时器名字
osTimerStart	启动或者重启指定的定时器
osTimerStop	停止指定的定时器
osTimerIsRunning	检查一个定时器是否在运行
osTimerDelete	删除定时器

下面先看一个一次性定时器的实例程序。timer_once 函数通过 osTimerNew 创建了一个定时器，这个定时器的回调函数是 cb_timeout_once。

```
void cb_timeout_once(void *arg) {
    (void)arg;
    RTOSV2_PRINTF("Once timer is timeout.");
}


void timer_once(void) {
    osTimerId_t tid = osTimerNew(cb_timeout_once, osTimerOnce, NULL,
NULL);
    if (tid == NULL) {
        RTOSV2_PRINTF("osTimerNew(once timer) failed.");
        return;
    } else {
        RTOSV2_PRINTF("osTimerNew(once timer) success, tid: %p.", tid);
    }


    osStatus_t status = osTimerStart(tid, 200);
    if (status != osOK) {
```

```
      RTOSV2_PRINTF("osTimerStart(once timer) failed.");
      return;
   } else {
      RTOSV2_PRINTF("osTimerStart(once timer) success.");
   }


   uint32_t ret = osTimerIsRunning (tid);
   if (ret == 0) {
      RTOSV2_PRINTF("osTimerIsRunning(once timer), timer(%p) is not
running.", tid);
   } else {
      RTOSV2_PRINTF("osTimerIsRunning(once timer), timer(%p) is
running.", tid);
   }


   status = osTimerStop(tid);
   RTOSV2_PRINTF("stop once timer, status :%d.", status);
   status = osTimerDelete(tid);
   RTOSV2_PRINTF("kill once timer, status :%d.", status);
}
```

上述 timer_once 函数通过调用 osTimerNew 创建了一个一次性的软定时器，下面是 osTimerNew 的详细说明。

```
osTimerId_t osTimerNew (osTimerFunc_t func, osTimerType_t type, void
*argument, const osTimerAttr_t *attr);
```

osTimerNew 包括四个参数。第一个参数 func 是定时器的回调函数，在实例中调用的参数为函数 cb_timeout_once；第二个参数 type 是定时器的类型，在实例中参数 osTimerOnce 表示这个定时器是一个一次性定时器；第三个参数 argument 是回调函数的参数，实例中为 NULL；第四个参数 attr 通过类型 osTimerAttr_t 指定了该定时器的属性，实例中为 NULL，表示使用缺省值。osTimerNew 运行成功之后，返回该定时器的定时器 ID。osThreadAttr_t 的详细定义如下：

```
typedef struct {
```

```
/**定时器的名字*/
const char        *name;
/**保留位，必须为0*/
uint32_t          attr_bits;
/** 定时器控制块的内存初始地址，默认为系统自动分配*/
void              *cb_mem;
/**定时器控制块的内存大小*/
uint32_t          cb_size;
} osTimerAttr_t;
```

timer_once 函数的运行日志如下：

```
RTOSV2.0_TEST: osTimerNew(once timer) success, tid: 0xe9b4c.
RTOSV2.0_TEST: osTimerStart(once timer) success.
RTOSV2.0_TEST: osTimerIsRunning(once timer), timer(0xe9b4c) is running.
RTOSV2.0_TEST: stop once timer, status :0.
RTOSV2.0_TEST: kill once timer, status :0.
```

从运行日志中可以发现回调函数的打印代码 RTOSV2_PRINTF("Once timer is timeout.");并没有被调用，这是因为定时器设置了 200 个时钟周期的调用时间，而主程序在启动定时器后，很快通过调用 osTimerStop 停止了定时器，并把该定时器删除了，因此定时器的回调函数没有被调用。

下面看一个周期定时器的例子。

```
static int times = 0;

void cb_timeout_periodic(void *arg) {
    (void)arg;
    times++;
}

void timer_periodic(void) {
    osTimerId_t periodic_tid = osTimerNew(cb_timeout_periodic,
osTimerPeriodic, NULL, NULL);
    if (periodic_tid == NULL) {
        RTOSV2_PRINTF("osTimerNew(periodic timer) failed.");
```

```
        return;
    } else {
        RTOSV2_PRINTF("osTimerNew(periodic timer) success,
tid: %p.",periodic_tid);
    }
    osStatus_t status = osTimerStart(periodic_tid, 100);
    if (status != osOK) {
        RTOSV2_PRINTF("osTimerStart(periodic timer) failed.");
        return;
    } else {
        RTOSV2_PRINTF("osTimerStart(periodic timer) success, wait a
while and stop.");
    }

    while(times < 3) {
        RTOSV2_PRINTF("times:%d.",times);
        osDelay(100);
    }

    status = osTimerStop(periodic_tid);
    RTOSV2_PRINTF("stop periodic timer, status :%d.", status);
    status = osTimerDelete(periodic_tid);
    RTOSV2_PRINTF("kill periodic timer, status :%d.", status);
}
```

周期定时器函数 timer_periodic 创建了一个 100 个时钟周期调用一次回调函数 cb_timeout_periodic 的定时器，然后每隔 100 个时钟周期检查一下全局变量 times 是否小于 3，如果 times 大于等于 3，那么停止周期定时器并结束程序。该函数的运行日志如下：

```
RTOSV2.0_TEST: osTimerNew(periodic timer) success, tid: 0xe9b4c.
RTOSV2.0_TEST: osTimerStart(periodic timer) success, wait a while and
stop.
RTOSV2.0_TEST: times:0.
RTOSV2.0_TEST: times:1.
RTOSV2.0_TEST: times:2.
```

```
RTOSV2.0_TEST: stop periodic timer, status :0.
RTOSV2.0_TEST: kill periodic timer, status :0.
```

从运行日志中可以看出，回调函数 cb_timeout_periodic 被周期性地调用，给 times 增加 1。当 times==3 时，主函数停止了定时器。

7.5 互斥锁

互斥锁（Mutex）提供了对多线程共享区域的互斥访问，通过互斥锁可以确保只有一个线程在多线程共享区域执行。与互斥锁操作相关的 API 如表 7-5 所示。

表 7-5

API 名称	说明
osMutexNew	创建并初始化一个互斥锁
osMutexGetName	获得指定互斥锁的名字
osMutexAcquire	获得指定的互斥锁的访问权限，若互斥锁已经被锁，则返回超时
osMutexRelease	释放指定的互斥锁
osMutexGetOwner	获得指定互斥锁的所有者线程
osMutexDelete	删除指定的互斥锁

下面是一个互斥锁的实例程序。考虑一个全局变量 g_test_value 会被多个线程访问，当这些线程访问这个全局变量时，会给 g_test_value 加 1，然后判断它的奇偶性并输出到日志。如果没有互斥锁的保护，那么在多线程的情况下加 1 操作、判断奇偶性操作、打印日志操作之间可能会被其他线程中断，造成错误。因此，我们创建了一个互斥锁来保护这个多线程共享区域。下面是多线程共享的线程函数。

```
static int g_test_value = 0;

void number_thread(void *arg) {
    osMutexId_t *mid = (osMutexId_t *)arg;
    while(1) {
        if (osMutexAcquire(*mid, 100) == osOK) {
```

```
        g_test_value++;
        if (g_test_value % 2 == 0) {
            RTOSV2_PRINTF("%s gets an even value %d.",
osThreadGetName(osThreadGetId()), g_test_value);
        } else {
            RTOSV2_PRINTF("%s gets an odd value %d.",
osThreadGetName(osThreadGetId()), g_test_value);
        }
        osMutexRelease(*mid);
        osDelay(5);
    }
  }
}
```

主线程 rtosv2_mutex_main 创建了三个同样线程函数的线程来访问全局变量 g_test_value，并创建了一个互斥锁来供各个线程使用，代码如下。

```
void rtosv2_mutex_main(void *arg) {
    (void)arg;
    osMutexAttr_t attr = {0};

    osMutexId_t mid = osMutexNew(&attr);
    if (mid == NULL) {
        RTOSV2_PRINTF("osMutexNew, create mutex failed.");
    } else {
        RTOSV2_PRINTF("osMutexNew, create mutex success.");
    }

    osThreadId_t tid1 = newThread("Thread_1", number_thread, &mid);
    osThreadId_t tid2 = newThread("Thread_2", number_thread, &mid);
    osThreadId_t tid3 = newThread("Thread_3", number_thread, &mid);

    osDelay(13);
    osThreadId_t tid = osMutexGetOwner(mid);
    RTOSV2_PRINTF("osMutexGetOwner, thread id: %p, thread name: %s.",
tid, osThreadGetName(tid));
```

```
    osDelay(17);

    osThreadTerminate(tid1);
    osThreadTerminate(tid2);
    osThreadTerminate(tid3);
    osMutexDelete(mid);
}
```

上述 rtosv2_mutex_main 函数通过调用 osMutexNew 创建了一个互斥锁。下面是 osMutexNew 的详细说明。

```
osMutexId_t osMutexNew (const osMutexAttr_t *attr);
```

osTimerNew 只有一个参数 attr，为 osMutexAttr_t 类型。osMutexAttr_t 的详细定义如下：

```
typedef struct {
    /**互斥锁的名字*/
    const char          *name;
    /**保留，必须为0*/
    uint32_t            attr_bits;
    /**互斥锁控制块的内存初始地址，默认为系统自动分配*/
    void                *cb_mem;
    /**互斥锁控制块的内存大小*/
    uint32_t            cb_size;
} osMutexAttr_t;
```

rtosv2_mutex_main 函数自身只完成了互斥锁的创建工作，对于该互斥锁的访问在三个线程中进行，这三个线程通过 osMutexAcquire 获得互斥锁，进行相关操作后通过 osMutexRelease 释放该互斥锁。rtosv2_mutex_main 函数也通过调用 osMutexGetOwner 获得当前占用互斥锁的线程，最后通过 osMutexDelete 删除该互斥锁。

互斥锁的实例程序的运行日志如下：

```
RTOSV2.0_TEST: osMutexNew, create mutex success.
RTOSV2.0_TEST: osThreadNew(Thread_1) success, thread id: 0xe84c4.
RTOSV2.0_TESRTOSV2.0_TEST: Thread_1 gets an odd value 1.
```

```
RTOSV2.0_TEST: Thread_2 gets an even value 2.
T: osThreadNew(Thread_2) success, thread id: 0xe871c.
RTOSV2.0_TEST: osThreadNew(Thread_3) success, thread id: 0xe8910.
RTOSV2.0_TEST: Thread_3 gets an odd value 3.
RTOSV2.0_TEST: Thread_1 gets an even value 4.
RTOSV2.0_TEST: Thread_2 gets an odd value 5.
RTOSV2.0_TEST: Thread_3 gets an even value 6.
RTOSV2.0_TEST: Thread_1 gets an odd value 7.
RTOSV2.0_TEST: Thread_2 gets an even value 8.
RTOSV2.0_TEST: Thread_3 gets an odd value 9.
RTOSV2.0_TEST: osMutexGetOwner, thread id: 0xe8910, thread name:
Thread_3.
RTOSV2.0_TEST: Thread_1 gets an even value 10.
RTOSV2.0_TEST: Thread_2 gets an odd value 11.
RTOSV2.0_TEST: Thread_3 gets an even value 12.
RTOSV2.0_TEST: Thread_1 gets an odd value 13.
RTOSV2.0_TEST: Thread_2 gets an even value 14.
RTOSV2.0_TEST: Thread_3 gets an odd value 15.
RTOSV2.0_TEST: Thread_1 gets an even value 16.
RTOSV2.0_TEST: Thread_2 gets an odd value 17.
RTOSV2.0_TEST: Thread_3 gets an even value 18.
RTOSV2.0_TEST: Thread_1 gets an odd value 19.
RTOSV2.0_TEST: Thread_2 gets an even value 20.
```

从运行日志中可以看出，因为增加了互斥锁，线程 Thread_1,Thread_2 和 Thread_3 的运行都没有在中途被其他线程打断，但是主线程的运行却被线程 Thread_1 打断了。在日志的第三行，主线程在日志未完全输出的情况下被线程 Thread_1 打断，直到第 5 行才重新输出。在日志的第 14 行，主线程返回了当前互斥锁的所有者是 Thread_3。

7.6 信号量

相对于互斥锁确保了对共享资源的互斥访问，信号量（Semaphore）提供了对一定数量的共享资源的共享访问。与信号量操作相关的 API 如表 7-6 所示。

表 7-6

API 名称	说明
osSemaphoreNew	创建并初始化一个信号量
osSemaphoreGetName	获取一个信号量的名字
osSemaphoreAcquire	获取一个信号量的令牌，若获取不到，则会超时返回
osSemaphoreRelease	释放一个信号量的令牌，但是令牌的数量不超过初始定义的令牌数
osSemaphoreGetCount	获取当前的信号量令牌数
osSemaphoreDelete	删除一个信号量

在访问共享资源前，可以通过 osSemaphoreAcquire 来获取共享资源的访问权限，若获取不到，则等待。在访问完毕后，可以通过 osSemaphoreRelease 来释放对共享资源的访问。

在经典的生产者和消费者问题中，我们需要确保产品在被消费者消费完之后，让消费新产品的消费者线程等待，同时当产品仓库满的时候，让继续生产共享资源的生产者线程也进入等待状态。我们可以通过定义一对信号量来解决这个问题。

```
#define BUFFER_SIZE 5U
static int product_number = 0;
osSemaphoreId_t empty_id = osSemaphoreNew(BUFFER_SIZE, BUFFER_SIZE,
NULL);
osSemaphoreId_t filled_id = osSemaphoreNew(BUFFER_SIZE, 0U, NULL);
```

在上述定义中，产品仓库的最大容量为 5，初始产品数为 0。我们定义了 2 个信号量，empty_id 用于表示当前空闲的位置，filled_id 用于表示当前已经存放产品的位置。通过调用 osSemaphoreNew 创建了一个信号量，下面是 osSemaphoreNew 的详细说明。

```
osSemaphoreId_t osSemaphoreNew (uint32_t max_count, uint32_t
initial_count, const osSemaphoreAttr_t *attr);
```

osSemaphoreNew 包括三个参数。第一个参数 max_count 是信号量可以容纳的共享资源的最大数量，第二个参数 initial_count 是初始化的时候信号量容纳的共享资源数量，第三个参数 attr 是 osSemaphoreAttr_t 类型的，osSemaphoreAttr_t 的详细定义如下：

```
typedef struct {
    /** 信号量的名字*/
    const char        *name;
    /** 保留，必须为0**/
    uint32_t          attr_bits;
    /** 信号量控制块的内存初始地址，默认为系统自动分配*/
    void              *cb_mem;
    /** 信号量控制块的内存大小*/
    uint32_t          cb_size;
} osSemaphoreAttr_t;
```

生产者线程的定义如下：

```
void producer_thread(void *arg) {
    (void)arg;
    while(1) {
        osSemaphoreAcquire(empty_id, osWaitForever);
        product_number++;
        RTOSV2_PRINTF("%s produces a product, now product number: %d.",
osThreadGetName(osThreadGetId()), product_number);
        osDelay(4);
        osSemaphoreRelease(filled_id);
    }
}
```

其中，宏 osWaitForever 表示如果获取不到信号量，那么永远等待，不超时。生产者先调用 osSemaphoreAcquire(empty_id, osWaitForever);来确认是否有空闲的产品位置来存放生产的产品，如果没有，那么一直等待直到有空闲。如果有，那么生产一个产品，然后调用 osSemaphoreRelease (filled_id);将生产好的产品放入。

消费者线程的定义如下：

```
void consumer_thread(void *arg) {
    (void)arg;
    while(1){
        osSemaphoreAcquire(filled_id, osWaitForever);
```

```
    product_number--;
    RTOSV2_PRINTF("%s consumes a product, now product number: %d.",
osThreadGetName(osThreadGetId()), product_number);
    osDelay(3);
    osSemaphoreRelease(empty_id);
  }
}
```

消费者先调用 osSemaphoreAcquire(filled_id, osWaitForever);来确认是否有产品供消费，如果没有，那么一直等待直到有。如果有，那么消费一个产品，然后调用 osSemaphoreRelease(empty_id);将产品位置空出一个。

主函数 rtosv2_semp_main 的定义如下，考虑到消费者消费产品的速度大于生产者生产产品的速度，我们定义了三个生产者和两个消费者。

```
void rtosv2_semp_main(void *arg) {
  (void)arg;

  osThreadId_t ctid1 = newThread("consumer1", consumer_thread, NULL);
  osThreadId_t ctid2 = newThread("consumer2", consumer_thread, NULL);
  osThreadId_t ptid1 = newThread("producer1", producer_thread, NULL);
  osThreadId_t ptid2 = newThread("producer2", producer_thread, NULL);
  osThreadId_t ptid3 = newThread("producer3", producer_thread, NULL);

  osDelay(50);

  osThreadTerminate(ctid1);
  osThreadTerminate(ctid2);
  osThreadTerminate(ptid1);
  osThreadTerminate(ptid2);
  osThreadTerminate(ptid3);

  osSemaphoreDelete(empty_id);
  osSemaphoreDelete(filled_id);
}
```

　　生产者和消费者的实例程序的运行日志如下，由于产生的日志较多，我们仅截取了一部分。

```
RTOSV2.0_TEST: osThreadNew(consumer1) success, thread id: 0xe8910.
RTOSV2.0_TEST: osThreadNew(consumer2) success, thread id: 0xe871c.
RTOSV2.0_TEST: osThreadNew(producer1) success, thread id: 0xe84c4.
RTOSV2.0_TEST: RTOSV2.0_TEST: producer1 produces a product, now product
number: 1.
RTOSV2.0_TEST: producer2 produces a product, now product number: 2.
osThreadNew(producer2) success, thread id: 0xe8974.
RTOSV2.0_TEST: osThreadNew(producer3) success, thread id: 0xe89d8.
RTOSV2.0_TEST: producer3 produces a product, now product number: 3.
RTOSV2.0_TEST: producer1 produces a product, now product number: 4.
RTOSV2.0_TEST: consumer1 consumes a product, now product number: 3.
RTOSV2.0_TEST: producer2 produces a product, now product number: 4.
RTOSV2.0_TEST: consumer2 consumes a product, now product number: 3.
RTOSV2.0_TEST: consumer1 consumes a product, now product number: 2.
RTOSV2.0_TEST: producer3 produces a product, now product number: 3.
RTOSV2.0_TEST: consumer2 consumes a product, now product number: 2.
RTOSV2.0_TEST: producer1 produces a product, now product number: 3.
```

　　从运行日志中可以看出，在信号量的协调下，三个生产者和两个消费者有序地进行产品的生产和消费，并没有出现因为竞争而产生的混乱。

7.7　消息队列

　　消息队列（MessageQueue）提供了先进先出（First In First Out，FIFO）的消息传递机制。消息队列的使用者可以在消息队列中存放和获取一定数量的消息。消息获取者总是从消息队列头获取消息，而消息发送者总是把消息放在消息队列的末尾。与消息队列操作相关的 API 及其说明如表 7-7 所示。

表 7-7

API 名称	说明
osMessageQueueNew	创建和初始化一个消息队列
osMessageQueueGetName	返回指定的消息队列的名字
osMessageQueuePut	向指定的消息队列中存放 1 条消息，如果消息队列满了，那么返回超时
osMessageQueueGet	从指定的消息队列中取得 1 条消息，如果消息队列为空，那么返回超时
osMessageQueueGetCapacity	获得指定的消息队列的消息容量
osMessageQueueGetMsgSize	获得指定的消息队列中可以存放的最大消息的大小
osMessageQueueGetCount	获得指定的消息队列中当前的消息数
osMessageQueueGetSpace	获得指定的消息队列中还可以存放的消息数
osMessageQueueReset	将指定的消息队列重置为初始状态
osMessageQueueDelete	删除指定的消息队列

下面是一个消息队列定义的实例代码。

```
#define QUEUE_SIZE 3
typedef struct {
    osThreadId_t tid;
    int count;
} message_entry;

osMessageQueueId_t qid=osMessageQueueNew(QUEUE_SIZE,
sizeof(message_entry), NULL);
```

我们通过调用 osMessageQueueNew 创建了一个消息队列。下面是
osMessageQueueNew 的详细说明。

```
osMessageQueueId_t osMessageQueueNew (uint32_t msg_count, uint32_t
msg_size, const osMessageQueueAttr_t *attr);
```

osMessageQueueNew 包括三个参数。第一个参数 msg_count 是消息队列中可以容纳的消息的数量，第二个参数 msg_size 是每条消息的大小，第三个参数 attr 是 osMessageQueueAttr_t 类型的，osMessage QueueAttr_t 的详细定义如下：

```
typedef struct {
    /**消息队列的名字*/
    const char          *name;
```

```
/**保留, 必须为0*/
uint32_t        attr_bits;
/**消息队列控制块的内存初始地址, 默认为系统自动分配*/
void            *cb_mem;
/**消息队列控制块的内存大小*/
uint32_t        cb_size;
/**消息队列数据存储空间的内存初始地址, 默认为系统自动分配*/
void            *mq_mem;
/**消息队列数据存储空间的内存大小*/
uint32_t        mq_size;
} osMessageQueueAttr_t;
```

消息发送线程的定义如下:

```
void sender_thread(void *arg) {
    static int count=0;
    message_entry sentry;
    (void)arg;
    while(1) {
        sentry.tid = osThreadGetId();
        sentry.count = count;
        RTOSV2_PRINTF("%s send %d to message queue.",
osThreadGetName(osThreadGetId()), count);
        osMessageQueuePut(qid, (const void *)&sentry, 0, osWaitForever);
        count++;
        osDelay(5);
    }
}
```

　　消息发送者维护了一个公共的计数器, 每次把公共计数器的计数值和自己的线程 ID 发送给消息队列, 然后给自己的计数器加 1。

　　消息接收线程的定义如下:

```
void receiver_thread(void *arg) {
    message_entry rentry;
    while(1) {
```

```
    osMessageQueueGet(qid, (void *)&rentry, NULL, osWaitForever);
    RTOSV2_PRINTF("%s get %d from %s by message queue.",
osThreadGetName(osThreadGetId()), rentry.count,
osThreadGetName(rentry.tid));
        osDelay(3);
    }
}
```

消息接收者从消息队列中获取一条消息，然后将这条消息的内容输出到日志。

主线程的定义如下：

```
void rtosv2_msgq_main(void *arg) {
    (void)arg;

    osThreadId_t ctid1 = newThread("recevier1", receiver_thread, NULL);
    osThreadId_t ctid2 = newThread("recevier2", receiver_thread, NULL);
    osThreadId_t ptid1 = newThread("sender1", sender_thread, NULL);
    osThreadId_t ptid2 = newThread("sender2", sender_thread, NULL);
    osThreadId_t ptid3 = newThread("sender3", sender_thread, NULL);

    osDelay(20);
    uint32_t cap = osMessageQueueGetCapacity(qid);
    RTOSV2_PRINTF("osMessageQueueGetCapacity, capacity: %d.",cap);
    uint32_t msg_size =  osMessageQueueGetMsgSize(qid);
    RTOSV2_PRINTF("osMessageQueueGetMsgSize, size: %d.",msg_size);
    uint32_t count = osMessageQueueGetCount(qid);
    RTOSV2_PRINTF("osMessageQueueGetCount, count: %d.",count);
    uint32_t space = osMessageQueueGetSpace(qid);
    RTOSV2_PRINTF("osMessageQueueGetSpace, space: %d.",space);

    osDelay(80);
    osThreadTerminate(ctid1);
    osThreadTerminate(ctid2);
    osThreadTerminate(ptid1);
    osThreadTerminate(ptid2);
```

```
    osThreadTerminate(ptid3);
    osMessageQueueDelete(qid);
}
```

主线程创建了两个消息接收者和三个消息发送者，然后调用与消息队列相关的函数，确认消息队列的状态。

运行日志如下：

```
RTOSV2.0_TEST: osThreadNew(recevier1) success, thread id: 0xe89d8.
RTOSV2.0_TEST: osThreadNew(recevier2) success, thread id: 0xe8974.
RTOSV2.0_TEST: osThreadNew(sender1) success, thread id: 0xe84c4.
RTOSV2.0_TEST: osRTOSV2.0_TEST: sender1 send 0 to message queue.
RTOSV2.0_TEST: sender2 send 1 to message queue.
ThreadNew(sender2) success, thread id: 0xe871c.
RTOSV2.0_TEST: osThreadNew(sender3) success, thread id: 0xe8910.
RTOSV2.0_TEST: recevier1 get 0 from sender1 by message queue.
RTOSV2.0_TEST: recevier2 get 1 from sender2 by message queue.
RTOSV2.0_TEST: sender3 send 2 to message queue.
RTOSV2.0_TEST: sender1 send 3 to message queue.
RTOSV2.0_TEST: sender2 send 4 to message queue.
RTOSV2.0_TEST: recevier1 get 2 from sender3 by message queue.
RTOSV2.0_TEST: recevier2 get 3 from sender1 by message queue.
RTOSV2.0_TEST: sender3 send 5 to message queue.
RTOSV2.0_TEST: recevier1 get 4 from sender2 by message queue.
RTOSV2.0_TEST: recevier2 get 5 from sender3 by message queue.
RTOSV2.0_TEST: sender1 send 6 to message queue.
RTOSV2.0_TEST: sender2 send 7 to message queue.
RTOSV2.0_TEST: recevier1 get 6 from sender1 by message queue.
RTOSV2.0_TEST: recevier2 get 7 from sender2 by message queue.
RTOSV2.0_TEST: sender3 send 8 to message queue.
RTOSV2.0_TEST: recevier1 get 8 from sender3 by message queue.
RTOSV2.0_TEST: sender1 send 9 to message queue.
RTOSV2.0_TEST: sender2 send 10 to message queue.
RTOSV2.0_TEST: recevier2 get 9 from sender1 by message queue.
RTOSV2.0_TEST: recevier1 get 10 from sender2 by message queue.
RTOSV2.0_TEST: sender3 send 11 to message queue.
```

```
RTOSV2.0_TEST: recevier2 get 11 from sender3 by message queue.
RTOSV2.0_TEST: sender1 send 12 to message queue.
RTOSV2.0_TEST: sender2 send 13 to message queue.
RTOSV2.0_TEST: recevier1 get 12 from sender1 by message queue.
RTOSV2.0_TEST: osMessageQueueGetCapacity, capacity: 3.
RTOSV2.0_TEST: osMessageQueueGetMsgSize, size: 8.
RTOSV2.0_TEST: osMessageQueueGetCount, count: 1.
RTOSV2.0_TEST: osMessageQueueGetSpace, space: 2.
```

从运行日志的最后 4 行中可以看出，消息队列的容量为 3，每条消息的大小为 8 个字节，当前有 1 条消息，还可以存放 2 条消息。

第 8 章

MQTT 协议简介

8.1 什么是MQTT协议

　　MQTT（Message Queuing Telemetry Transport，消息队列遥感传输）协议是 IBM 开发的一个即时通信协议，现已成为 IoT 的重要组成部分。

　　（1）1999 年，IBM 的 Andy Stanford-Clark 博士和 Arcom 公司的 Arlen Nipper 博士发明了 MQTT 技术。

　　（2）MQTT 协议规格书被公开发布，该协议使用了免版税的许可证。

　　（3）2011 年 11 月，IBM 和 Eurotech 公司宣布加入 Eclipse M2M Industry 工作组，将 MQTT 代码捐赠给了 Eclipse Paho 项目组。

　　（4）2013 年 3 月，MQTT 协议被提交到结构化信息标准促进组织（Organization for the Advancement of Structured Information Standards，OASIS），并不断演进。

8.2 应用场景

MQTT 协议遵循万物互联的理念，被广泛地应用于 IoT、移动互联网、智能硬件设备、车联网等领域，应用场景如下。

（1）IoT 通信、IoT 大数据采集。

（2）Android 消息推送、Web 消息推送。

（3）移动即时消息，例如 Facebook Messenger。

（4）智能硬件、智能家具、智能电器。

（5）车联网通信。

（6）智慧城市、远程医疗、远程教育等公共设施场景。

8.3 MQTT 协议的特性

（1）MQTT 协议使用发布/订阅消息通信模式来提供一对多的分布式消息的应用，它的协议逻辑是开源的，简单易实现。

（2）MQTT 协议基于 TCP/IP 的基础网络连接。

（3）MQTT 协议的报文体积小，编/解码容易，可以通过很少的协议交换来减少网络传输通信量。

（4）MQTT 协议未定义报文的内容格式，可以承载 JSON、二进制等不同类型的报文。

（5）MQTT 协议能够保证支持消息收/发确认和消息发布服务质量（Quality of Service，QoS），并且具有以下三种消息传递质量保证方式，更加可靠。

① QoS0（At most once，最多一次）。

② QoS1（At least once，最少一次）。

③ QoS2（Exactly once，仅仅一次）。

通过以上特性，可以将 MQTT 协议应用在资源受限的环境及移动互联网、IoT 消息领域。

8.4　MQTT协议的订阅与发布模型介绍　▼

8.4.1　基于 MQTT 协议的消息传递

MQTT 协议的订阅与发布是基于主题的（Topic），简单举例说明：A 连接到 Broker，B 也连接到 Broker，并订阅主题 1。然后，A 发送给 Broker 一条消息，主题为 1。这时，Broker 收到 A 的消息，发现 B 订阅了主题 1，就将消息转发给 B，于是 B 从 Broker 处接收到该消息。这个例子涉及了几个概念：发布者（Publisher）和订阅者（Subscriber），发送方（Sender）和接收方（Recevier）。

如果一个客户端对某个主题发布消息，那么它就是发布者；如果一个客户端订阅了某个主题，那么它就是订阅者。在上面的例子中，A 是发布者，B 是订阅者。

当 A 发布消息时，它发送给 Broker 一条消息，那么 A 是发送方，Broker 是接收方；当 Broker 转发消息给 B 时，Broker 是发送方，B 是接收方。

8.4.2　报文类型说明

一个完整的消息传递过程涉及多种报文类型，这些报文类型分别是 PUBLISH（其中，QoS>0）、PUBACK、PUBREC、PUBREL、PUBCOMP、SUBSCRIBE、SUBACK、UNSUBSCRIBE、UNSUBACK。其中，SUBSCRIBE、UNSUBSCRIBE 和 PUBLISH 需包含非零的 16 位数据包标识符。

表 8-1 描述了报文类型及其分别对应的含义。

表 8-1

类型名称	报文类型的含义
CONNECT	发起连接
CONNACK	连接回执
PUBLISH	发布消息
PUBACK	发布回执
PUBREC	QoS2 消息回执
PUBREL	QoS2 消息释放
PUBCOMP	QoS2 消息完成
SUBSCRIBE	订阅消息
SUBACK	订阅回执
UNSUBSCRIBE	取消订阅消息
UNSUBACK	取消订阅回执
PINGREQ	PING 请求
PINGRESP	PING 响应
DISCONNECT	断开连接

8.4.3 在基本消息的订阅与发布流程中常用的报文介绍

在基本消息的订阅与发布流程中常用的报文有 PUBLISH、SUBSCRIBE、SUBACK、UNSUBSCRIBE、UNSUBACK。

消息传递要先在发送方和接收方之间传输消息数据，这时就用到了 PUBLISH。当发送方要对某个主题发布一条消息的时候，它会向 Broker 发送一条消息发布的数据；当 Broker 要将一条消息转发给订阅了某个主题的发送方时，Broker 也会向发送方反馈一条消息发布的数据，它主要包含三个内容，分别是固定头、可变头及消息体。

1. 固定头

固定头包含以下三种内容。

（1）QoS：内容为 0、1 或者 2，代表发布消息的 QoS 等级。

（2）消息重复标识：内容为 0 或者 1。内容为 1 代表该消息是一条重复消息（因为这条消息是接收方没有确认收到之前的消息而重新发送的，所以这意味着该标识只在 QoS 大于 0 的消息中使用，因为只有 QoS 大于 1 的消息才有接收方进行确认并应答的流程）。

（3）Retain 标识：也叫保留标识，内容为 0 或者 1。当从客户端发送到 Broker 的发布消息数据中它的值为 1 时，Broker 应该保存该消息，当之后有任何新的订阅者订阅发布消息中指定的主题时，都会先收到该消息。

2. 可变头

在可变头中只包含以下两种内容。

（1）数据包标识：保证了从发送方到接收方的一次消息交互中消息数据是唯一的。

（2）主题名称：用来命名该消息发布到哪一个主题。

3. 消息体

消息体包含的是一条消息要发送的具体数据或者内容。

一个完整的消息传递过程自然少不了消息订阅，客户端会向 Broker 发送一个订阅消息，它里面包含了客户端想要订阅的主题及一些其他的参数。

订阅消息和发布消息不同，它只有可变头和消息体。订阅消息的可变头的内容和发布消息中的内容是一样的，主要区别在于消息体。订阅消息的消息体内容是订阅列表，它主要包含了客户端想要订阅的主题列表（由订阅主题名和对应的 QoS 组成）。

客户端在进行消息订阅后，为了确认每一次的订阅，Broker 在收到订阅消息后会回复一个应答消息，即订阅回执（SUBACK）。订阅回执的数据中也只包含两种内容，分别是可变头和消息体。需要说明的是，在订阅回执的消息体中包含的是一组返回码，返回码的数量和顺序是与订阅消息的订阅列表相对应的，它用于标识订阅类别中每一个订阅项的订阅结果，表 8-2 是返回码分别对应的订阅结果的含义。

表 8-2

返回码	订阅结果的含义
0	订阅成功，最大可用 QoS 为 0
1	订阅成功，最大可用 QoS 为 1
2	订阅成功，最大可用 QoS 为 2
128	订阅失败，比如客户端没有权限订阅某个主题，或者要求订阅的主题格式不正确等

有订阅消息，那么自然也有取消订阅消息。订阅者在想放弃某些消息的传递时，也可以取消对某些主题的订阅。客户端向 Broker 发送一个取消订阅的消息（取消订阅包含客户端想要取消订阅的主题过滤器列表，和订阅消息不一样的是取消订阅的消息体中不再包含主题过滤器对应的 QoS 了），Broker 在收到这个消息后，向客户端发送一个消息回执的数据作为应答（取消订阅的回执消息中的报文内容和前面所说的几种报文内容不一样，它只有可变头，而没有消息体）。

8.4.4 基于 MQTT 协议的消息发布与订阅的三种方式

1. QoS0消息的发布与订阅

QoS0 消息的发布与订阅如图 8-1 所示。

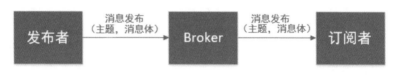

图 8-1

2. QoS1消息的发布与订阅

QoS1 消息的发布与订阅如图 8-2 所示。

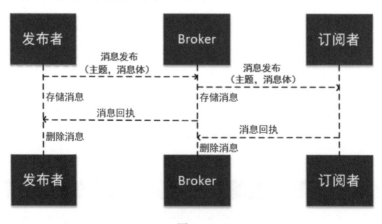

图 8-2

3. QoS2消息的发布与订阅

QoS2 消息的发布与订阅如图 8-3 所示。

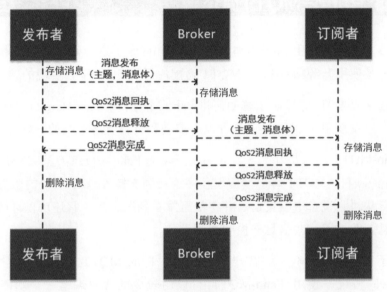

图 8-3

在上面的三种消息的发布与订阅方式中，QoS2 方式涉及了几种新的报文，即 PUBREL（QoS2 消息释放）、PUBCOMP（QoS2 消息完成）及 PUBREC（QoS2 消息回执），下面做简单说明。

在 QoS2 方式中，如果客户端没有收到来自服务端的 QoS2 完成消息，那么客户端又会进行消息释放，此时服务端将收到两次 QoS2 释放消息，但是服务端并不会将消息发送两次，因为在第一次将消息发送给订阅者之后，服务端将进行消息删除。

一旦客户端没有收到来自服务端的 QoS2 回执消息，客户端就重新发布消息，此时服务端将收到两次发布消息，但客户端会根据 QoS2 消息回执的消息 ID 是否相同来判断服务端收到了几次同样的消息，这就避免了消息的重复发送。

在 QoS1 方式中，只要服务端接收到消息就会发布给它的订阅者。当网络环境比较差时，发送方会重复发送相同的消息，同时服务端也会重复发布相同的消息。

8.5 Paho-MQTT简介

本节主要介绍使用 MQTT 协议在 HarmonyOS 上进行消息订阅与发布的基本方法，是使用开源项目 Paho-MQTT 适配海思 Hi3861 平台实现的。

通过学习本节，你可以了解如何将 Paho-MQTT 集成到 HarmonyOS 嵌入式设备中，以及使用 MQTT 协议进行设备控制和设备状态监控的一些方法。

Paho-MQTT 项目是基于嵌入式系统开发的 Paho-MQTT-C 客户端库，属于 IoT 的开源项目。MQTT 客户端应用程序连接到支持 MQTT 协议的服务端，客户端负责从遥测设备中收集信息并将信息发布到服务端。它还可以订阅主题，接收消息，并使用这些信息来控制遥测设备。

为了简化编写 MQTT 客户端的代码，Paho-MQTT 本身已经封装好了 MQTT v3 协议。使用 Paho-MQTT 可以用较少的代码编写一个功能齐全的 MQTT 客户端应用程序。Paho-MQTT 大致有以下逻辑：

（1）创建客户端对象。

（2）设置连接到 MQTT 服务器的选项。

（3）订阅客户端需要接收的任何主题。

（4）消息重复发送直到完成。

（5）发布客户端需要的任何消息。

（6）处理任何传入消息。

（7）断开客户端的连接。

（8）释放客户端正在使用的所有内存。

首先，我们在 paho.mqtt.embedded-c 官方链接上下载源代码，MQTTClient-C\samples\ohos 子目录下存放的是适用于 HarmonyOS 的测试程序，测试程序入口函数 MqttAtEntry 的代码如下：

```
void MqttAtEntry(void)
{
  static AtCmdTbl cmdTable = {0};

  cmdTable.atCmdName = "+MQTT";
  cmdTable.atCmdLen = strlen(cmdTable.atCmdName);
  cmdTable.atSetupCmd = MqttTestCmd;

  MqttEchoInit();

  if (AtRegisterCmd(&cmdTable, 1) != 0) {
    printf("AtRegisterCmd failed!\r\n");
  }
}
SYS_RUN(MqttAtEntry);
```

初始化客户端配置函数 MqttEchoInit，代码如下。

```
void MqttEchoInit(void)
{
  int rc = 0;
  NetworkInit(&network);
  MQTTClientInit(&client, &network, 30000, sendbuf, sizeof(sendbuf),
readbuf, sizeof(readbuf));

  if ((rc = MQTTStartTask(&client)) != 0) {
    printf("Return code from MQTTStartTask is %d\n", rc);
  }
}
```

MqttEchoTest 为客户端连接服务端的测试程序，主要对网络连接（MQTTConnect）、消息订阅（MQTTSubscribe）、消息发布（MQTTPublish）、断开连接（MQTTDisconnect）这四个主要接口进行测试，主要在 MQTTClient-C/src/MQTTClient.c 中实现。

另外，在消息发布逻辑（MqttTestPublish）中需要对 retained 标识及消息体等内容进行初始化：

```
int rc = 0;
MQTTMessage message;
message.qos = 1;
message.retained = 0;
message.payload = payload;
message.payloadlen = strlen(payload);
```

8.6 Paho-MQTT的消息传输测试

在简单地梳理了主要的消息发布逻辑后，下面开始进入测试环节。

8.6.1 下载代码并进行编译与烧录

首先，只有将移植后的代码编译成二进制文件才能进行 MQTT 消息连接，修改方式如下：

找到 openharmony/build/lite/product/wifiiot.json 文件，在 wifiiot.json 文件中的 application 处添加如下代码：{ "name": "mqtt", "dir": "//paho.mqtt.embedded-c:app", "features":[] }，具体修改如图 8-4 所示。

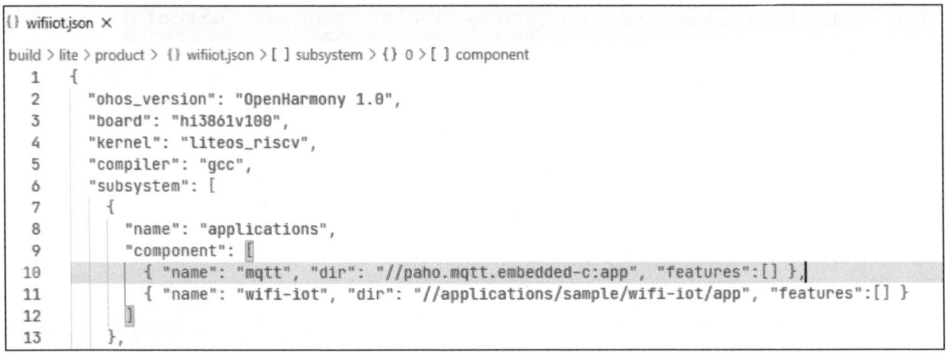

```
{} wifiiot.json ×
build > lite > product > {} wifiiot.json > [ ] subsystem > {} 0 > [ ] component
  1  {
  2    "ohos_version": "OpenHarmony 1.0",
  3    "board": "hi3861v100",
  4    "kernel": "liteos_riscv",
  5    "compiler": "gcc",
  6    "subsystem": [
  7      {
  8        "name": "applications",
  9        "component": [
 10          { "name": "mqtt", "dir": "//paho.mqtt.embedded-c:app", "features":[] },
 11          { "name": "wifi-iot", "dir": "//applications/sample/wifi-iot/app", "features":[] }
 12        ]
 13      },
```

图 8-4

编译方法不再赘述，在 1.5.3 节中已经提到，方法一致，在编译完成后烧录镜像到我们的设备中。

输入测试命令

打开串口工具。Windows 系统有自带的串口调试助手。我们可以直接使用这个串口调试助手，在输入正确的端口号后打开串口，然后按照以下步骤输入测试命令：

（1）启动 STA 模式，测试命令为 AT+STARTSTA（注：MQTT 协议是基于网络协议通信的，这里使用 STA 模式的使能 Wi-Fi 模块向服务端进行消息发送）。

（2）扫描周边的接入点，测试命令为 AT+SCAN。

（3）显示扫描结果，测试命令为 AT+SCANRESULT（注：第（2）步和第（3）步的前提是不知道所处的网络环境，我们在测试时一般都已经提前配置好了网络环境，所以可以直接忽略这两步）。

（4）连接指定的接入点，测试命令为 AT+CONN="SSID",,2,"PASSWORD"（注：SSID 和 PASSWORD 分别为待连接的热点名称和密码）。

（5）查看连接结果，测试命令为 AT+STASTAT。

（6）通过 DHCP 向接入点请求获取 wlan0 的 IP 地址，测试命令为 AT+ DHCP=wlan0,1。

（7）查看网络配置，测试命令为 AT+IFCFG。

（8）输入 MQTT 测试命令，测试命令为 AT+MQTT=192.168.1.110,1883。在做这一步之前要启动 MQTT 服务端程序，我们选取的是比较常用的 Mosquitto 软件，具体的使用方法请看 8.6.3 节（注：IP 是对应 MQTT 服务端的 IP，1883 端口号指的是 MQTT 协议的端口，另外，本书的 Paho-MQTT 移植测试中有一个限制条件，即 IoT 设备的 IP 地址需要和 MQTT 服务端的 IP 地址在同一个网段，否则无法连接）。

服务端应用 Mosquitto 的使用

Mosquitto 是一款实现了消息推送协议 MQTT 3.1 的开源消息代理软件，提供轻量级的、支持可订阅/可发布的消息推送模式，支持 Windows 和 Linux 两种系统环境。

下面以 Windows 版本的 Mosquitto 为例：首先，需要进入 Mosquitto 的安装目录修改 mosquitto.conf 文件，如图 8-5 所示，将 allow_anonymous false 改为 true 并去掉注释，从而修改成匿名登录。

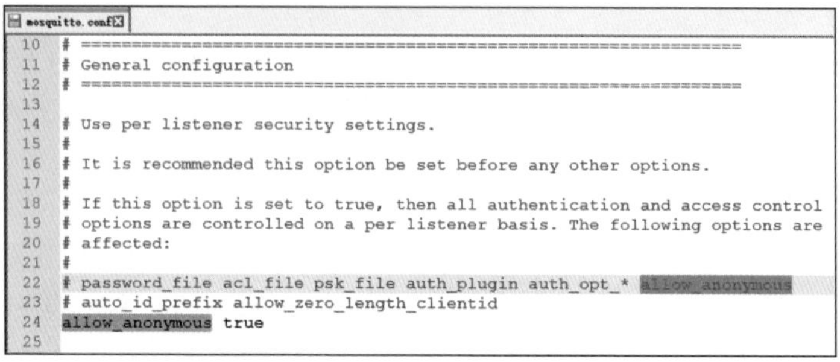

图 8-5

然后，执行 mosquitto.exe-c mosquitto.conf 命令启动 Mosquitto 服务，使用 mosquitto_sub .exe-t 'test/test'-v 命令任意订阅一个主题。通过 AT+MQTT 命令连接 Mosquitto 服务之后创建主题，给服务端应用 Mosquitto 发送订阅消息。可以看到设备的串口接收到服务端反馈回来的消息，如图 8-6 所示。

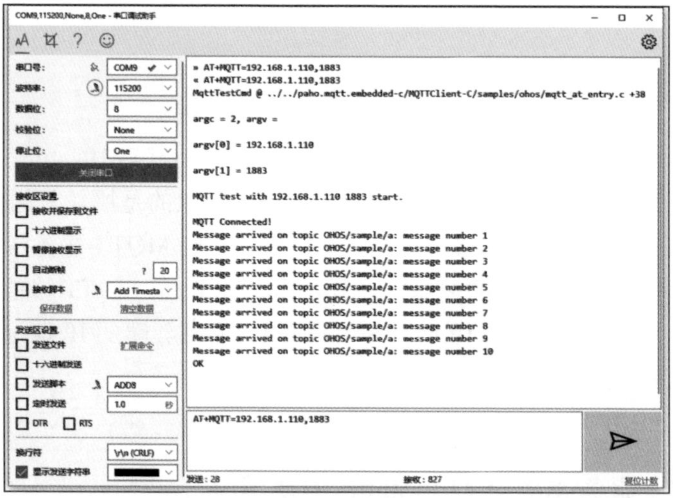

图 8-6

至此，连接测试就成功了。

8.7 使用MQTT方式连接华为云

本节介绍使用 MQTT 方式连接华为云 IoT 平台的操作。

1. 创建产品

首先，在百度上搜索华为云，如果是新用户，那么需要提前注册。另外，需要进行实名认证，否则不能使用设备连接的功能。

在注册好后进行登录，进入华为云首页，单击"产品"→"IoT 物联网"→"设备管理 IoTDM"按钮，如图 8-7 所示。

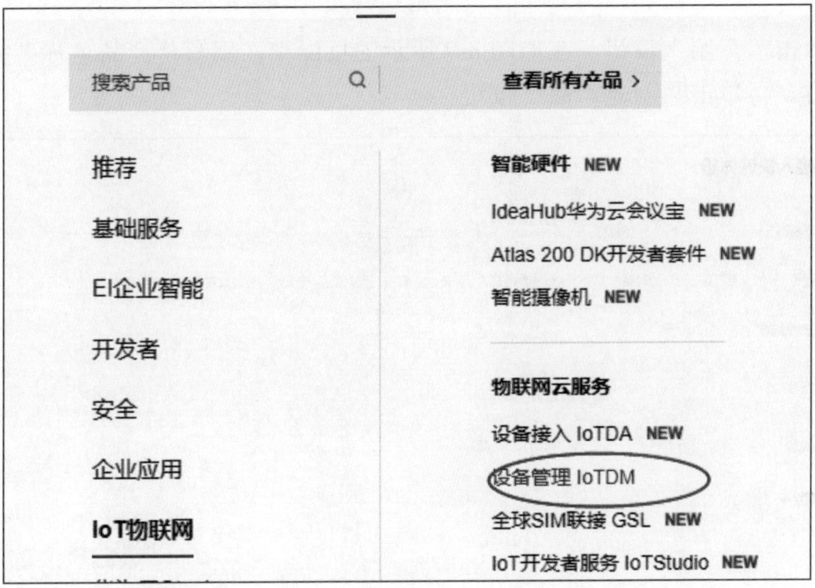

图 8-7

然后，会打开如图 8-8 所示的页面，这个页面展示了各种协议的域名（用于填写 MQTT 服务器的主机地址）及控制台区域。这里需要注意的是，在"控制台"下拉菜单中要选择"北京四"选项，否则无法创建设备。

图 8-8

单击"开始"按钮，在如图 8-9 所示的页面中，填写"产品名称"文本框的内容，再单击"创建产品"按钮。

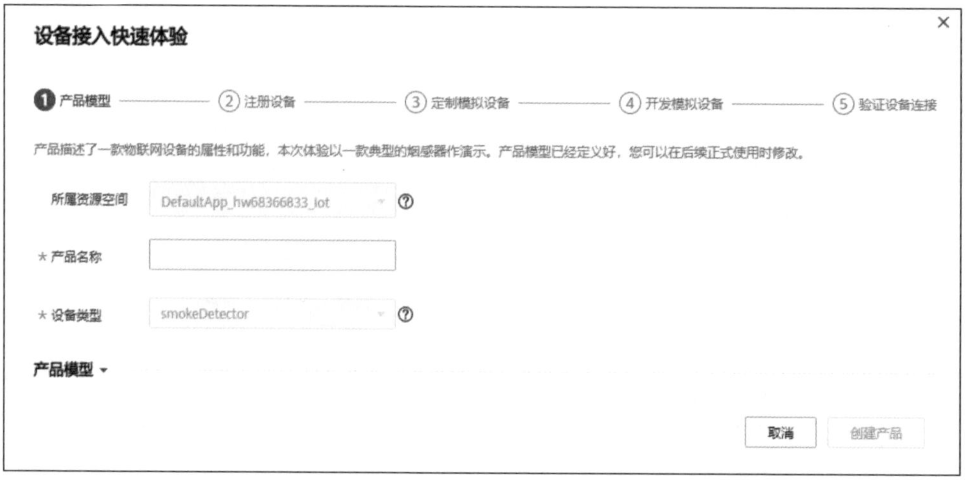

图 8-9

如图 8-10 所示，填写"设备标识码"和"设备名称"文本框的内容（可以根据自己设备的相关信息取名），单击"注册设备"按钮。

图 8-10

IoT 设备一般采用 Linux 环境（根据实际环境判断），这里的设备平台选择 Linux，单击"下一步"按钮，如图 8-11 所示。

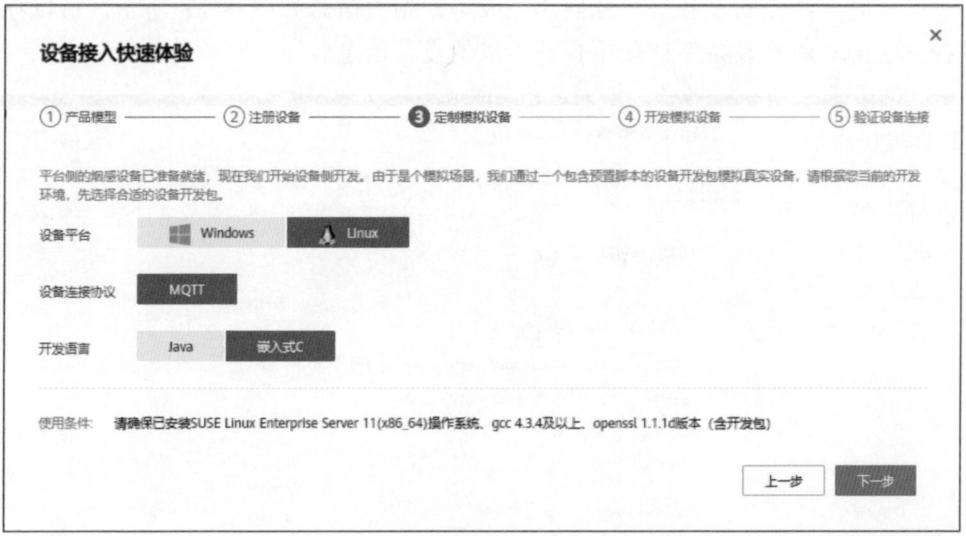

图 8-11

在成功注册设备后，平台会自动生成设备 ID（deviceId）和设备密钥（deviceSecret）。请妥善保管设备 ID 和设备密钥，它们用于生成连接信息，如图 8-12 所示。然后，单击"下一步"按钮。

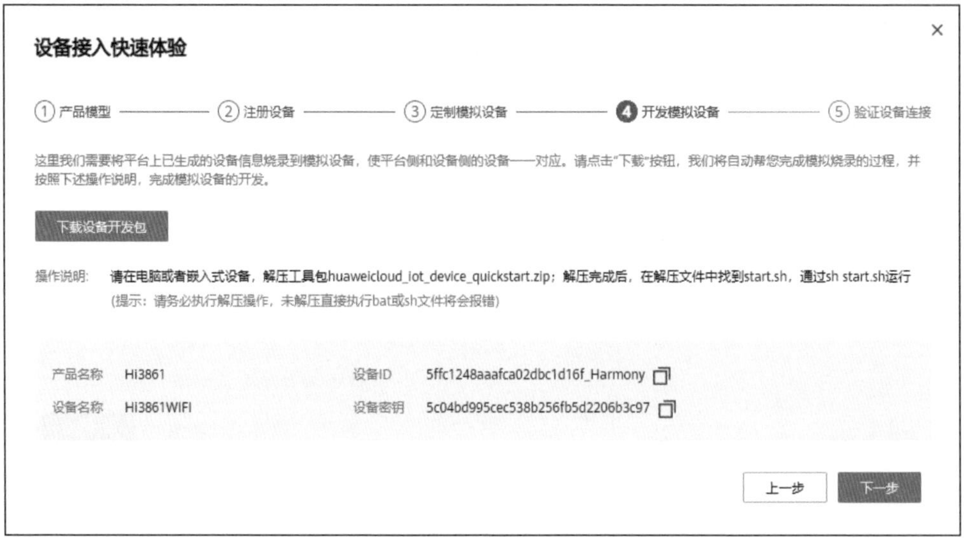

设备接入快速体验   ✕

① 产品模型 ——————— ② 注册设备 ——————— ③ 定制模拟设备 ——————— ❹ 开发模拟设备 ——————— ⑤ 验证设备连接

这里我们需要将平台上已生成的设备信息烧录到模拟设备，使平台侧和设备侧的设备——对应。请单击"下载"按钮，我们将自动帮您完成模拟烧录的过程，并按照下述操作说明，完成模拟设备的开发。

> 下载设备开发包

操作说明：请在电脑或者嵌入式设备，解压工具包huaweicloud_iot_device_quickstart.zip；解压完成后，在解压文件中找到start.sh，通过sh start.sh运行
（提示：请务必执行解压操作，未解压直接执行bat或sh文件将会报错）

产品名称　Hi3861　　　　　　　　设备ID　　5ffc1248aaafca02dbc1d16f_Harmony 🗐

设备名称　Hi3861WIFI　　　　　　设备密钥　5c04bd995cec538b256fb5d2206b3c97 🗐

上一步　　下一步

图 8-12

此时，我们的设备就已经创建完成了，相关信息如图 8-13 所示，可以在控制台的"所有设备"选项中查看生成的设备信息。

物联网平台	设备管理 / **设备详情**
	概述　命令　设备影子　消息跟踪　子设备　标签

基础版 默认

总览

产品

设备　　　　　　　　　　　　▲

　所有设备

　群组

　软固件升级

　设备CA证书

规则　　　　　　　　　　　　▼

Hi3861WIFI ● 离线

设备标识码　　Harmony 🗐
设备ID　　　　5ffc1248aaafca02dbc1d16f_Harmony 🗐
注册时间　　　2021/01/11 16:56:15 GMT+08:00
节点类型　　　**直连设备**
软件版本　　　--

最新上报数据

图 8-13

下载华为云连接信息生成工具（下载链接见前言），下载完成后，运行"MqttClientId Generator.jar"，填写图 8-12 所示的设备 ID 和设备密钥，单击"Generate"（生成）按钮，生成连接信息（这些信息用于 IoT 设备或者 MQTT

客户端进行测试连接），如图 8-14 所示。

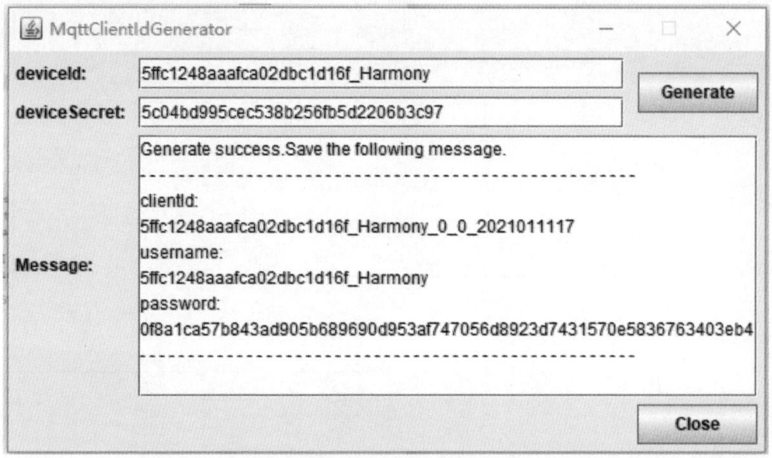

图 8-14

（1）deviceId：设备 ID。

（2）deviceSecret：设备密钥。

（3）Message：生成的连接信息（clientId、username、password）。

2. 客户端配置

在云端的产品创建完成后，我们需要用客户端进行 MQTT 测试，本节以比较常见的客户端工具 MQTT X 为例，对应的客户端配置如图 8-15 所示。

（1）Name：客户端名称，可以任意取名。

（2）Client ID：客户端 ID，此处是我们使用平台连接信息生成工具生成的 ID 信息。

（3）Host：填写从设备接入服务控制台获取的设备对接地址，此地址为域名信息。

（4）Port：接入协议，即填写对应的端口号（这里使用 MQTT 协议，对应的端口号是 1883）。

（5）Username：用户名，使用平台连接信息生成工具生成的用户名信息。

（6）Password：密码，即平台连接信息生成工具生成的密码。

图 8-15

配置完成后，单击"connect"（连接）按钮，在 MQTT X 上发送消息，通过查看设备日志，测试 MQTT X 与 IoT 平台连接是否成功。以上报 JSON 数据消息为例，输入主题$oc/devices/{device_id}/sys/properties/report{device_id}用于标识主题路由的目标设备，当设备侧订阅主题或往主题推送消息时，该值需要替换为设备与平台建立 MQTT 连接时使用的设备 ID 参数值。

下面再介绍几个主要的 IoT 平台预置的主题接口，设备在发布或者订阅消息时需要按照表 8-3 中的主题来写，否则会导致华为云连接中断。

表 8-3

主题分类	用途	主题	发布者	订阅者
设备消息	设备消息上报	$oc/devices/{device_id}/sys/messages/up	设备	平台
相关主题	平台下发消息给设备	$oc/devices/{device_id}/sys/messages/down	平台	设备
设备命令	平台下发命令给设备	$oc/devices/{device_id}/sys/commands/ request_id={request_id}	平台	设备
相关主题	设备返回命令响应	$oc/devices/{device_id}/sys/commands/response/ request_id={request_id}	设备	平台
设备事件	设备事件上报	$oc/devices/{device_id}/sys/events/up	设备	平台
相关主题	平台事件下发	$oc/devices/{device_id}/sys/events/down	平台	设备

下面是客户端配置实例：输入要发送的消息内容后，单击发送按钮就可以在华为 IoT 平台查看设备上报的数据。如图 8-16 所示，可以看到已经连接成功。

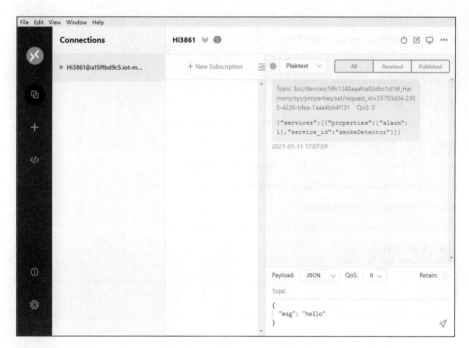

图 8-16

3. IoT设备连接

在 IoT 设备中，连接方式和客户端的连接方式一样，唯一的区别是客户端是有图形界面的，而 IoT 设备一般是通过串口发送命令连接的。

IoT 设备通过 AT+MQTT_CONN 命令实现与云平台连接，测试命令的功能如下：

AT+MQTT_CONN=host,port,clientId,username,password 命令，用于连接到 MQTT 服务器，参数说明如下：

host 和 port 参数为必填参数，用于指定 MQTT 服务器的主机和端口；clientId、username 和 password 为可选参数，用于指定 MQTT CONNECT 消息的附加参数。

使用串口工具发送命令 AT+MQTT_CONN=a15ffbd9c5.iot-mqtts.cn-north-4.myhuaweicloud.com,1883,5ffc1248aaafca02dbc1d16f_Harmony_0_0_2021011117,5ffc1248aaafca02dbc1d16f_Harmony,0f8a1ca57b843ad905b689690d953af747056d8923d7431570e5836763403cb4，可以看到连接成功，如图 8-17 所示。

```
MQTT_CONN: argc = 5, argv =
argv[0] = a15ffbd9c5.iot-mqtts.cn-north-4.myhuaweicloud.com
argv[1] = 1883
argv[2] = 5ffc1248aaafca02dbc1d16f_Harmony_0_0_2021011117
argv[3] = 5ffc1248aaafca02dbc1d16f_Harmony
argv[4] = 0f8a1ca57b843ad905b689690d953af747056d8923d7431570e5836763403eb4
[63361] at_proc MqttTestInit ThreadStart: 0
[63362] at_proc MqttTestInit done!
MQTT test with a15ffbd9c5.iot-mqtts.cn-north-4.myhuaweicloud.com 1883 start.
clientId = 5ffc1248aaafca02dbc1d16f_Harmony_0_0_2021011117
username = 5ffc1248aaafca02dbc1d16f_Harmony
password = 0f8a1ca57b843ad905b689690d953af747056d8923d7431570e5836763403eb4
[63364] MqttTask MqttTask start!
[63421] at_proc MQTT Connected!
OK
```

图 8-17

最后，再回到云平台，可以看到在设备列表中创建的设备已经是在线状态的，这时就可以进行消息订阅和消息发布了，如图 8-18 所示。

所有设备

| 设备列表 | 批量注册 | 批量删除 | 文件上传 |

所有资源空间 ▼   所有产品

状态	设备名称	设备标识码	所属资源空间
● 在线	Hi3861WIFI	Harmony	DefaultApp_hw683668

| 10 ▼ | 总条数: 1 | ‹ 1 › |

图 8-18

附　　录

附录A　VirtualBox的安装和使用

1. 虚拟机软件简介

本节将介绍如何在虚拟机上安装和配置编译环境。如果你有空闲的个人计算机或服务器可以用作编译服务器，那么可以跳过本节，直接阅读后面的内容。

借助虚拟机软件，我们可以在一台计算机的操作系统上创建多个虚拟计算机，并且可以在每个虚拟计算机上安装一个操作系统，如 Windows XP、Ubuntu、Debian 等。使用虚拟机软件，可以实现在 Windows 主机上运行 Linux 系统。

在 Windows 系统中，常用的虚拟机软件有 VirtualBox 和 VMware Workstation。VirtualBox 是一个用户非常广泛的虚拟机软件，最初由德国的 InnoTek 公司开发，并于 2007 年以 GNU 通用软件许可证开源，所有用户均可以免费下载 VirtualBox 源代码和二进制文件。后来，InnoTek 公司被 Sun 公司收购，再后来 Sun 公司被 Oracle 公司收购，而 VirtualBox 的开源并没有因收购而停止。因此，我们现在仍然可以免费下载和使用 VirtualBox 的源代码和二进制文件，同时，可以在 VirutalBox 官网的首页上看到 Oracle 公司的商标。

VMware Workstation 是另一个用户较为广泛的虚拟机软件，但 VMware

Workstation 不是开源软件，用户需要花费一定的费用购买许可之后才能使用。目前，它有两个版本可供用户下载，分别是 VMware Workstation Pro 和 VMware Workstation Player。其中，VMware Workstation Pro 的功能更强大，当然收费也更高，VMware Workstation Player 相对便宜。另外，VMware Workstation Player 对个人和非商业使用是免费的。

不同的虚拟机的使用方式类似，接下来仅以 VirtualBox 为例介绍如何在 Windows 主机上下载和安装虚拟机软件、如何在虚拟机软件中创建一个虚拟机，以及如何在虚拟机中安装 Ubuntu 20.04 系统。

2. 下载VirtualBox

在 VirutalBox 官网的 Downloads 页面中，我们可以找到不同操作系统版本的 VirtualBox 安装包的下载方式。VirutalBox 安装包的下载页面见图 A-1。

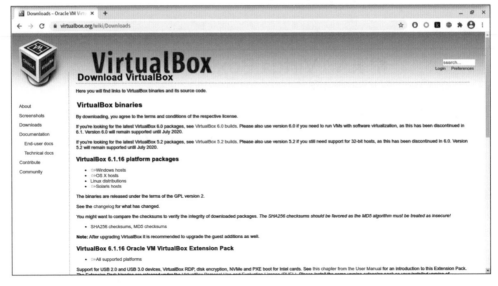

图 A-1

单击"Windows hosts"链接，即可下载 Windows 版的 VirtualBox 安装包。

3. 安装VirtualBox

在 VirtualBox 安装包下载完成后，就可以准备在 Windows 系统中安装 VirtualBox 了。双击安装包文件，弹出安装向导，如图 A-2 所示。

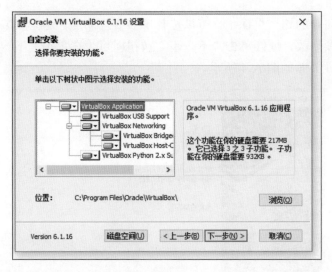

图 A-2

　　在安装向导的首个页面上，我们可以选择安装 VirtualBox 的哪些组件，同时可以修改将 VirtualBox 安装到本地磁盘的什么位置。在可选组件中，"VirtualBox USB Support"选项用于让虚拟机可以连接本地主机的 USB 设备，也建议安装。"VirtualBox Networking"选项用于支持一些网络访问模式，建议安装。在一般情况下，不用修改其他选项的默认选项值，直接单击"下一步"按钮即可。在单击"下一步"按钮后，安装向导页面如图 A-3 所示。

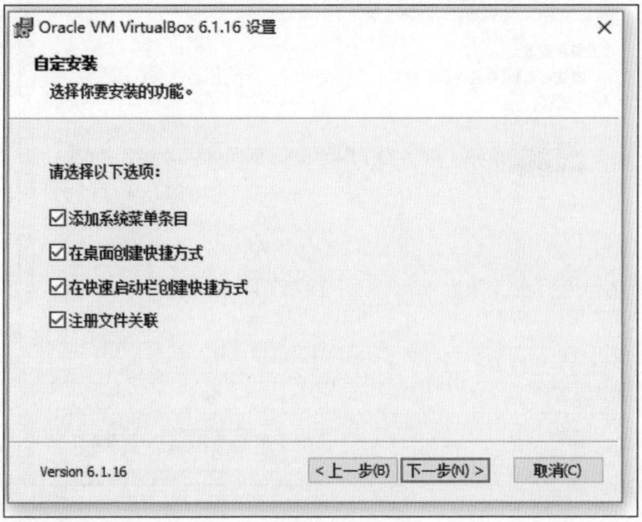

图 A-3

在安装向导的这个页面中，可以选择安装哪些功能。这些安装的功能默认为全选，无须修改，继续单击"下一步"按钮即可。在单击"下一步"按钮之后，安装向导页面如图 A-4 所示。

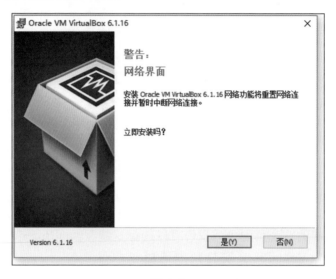

图 A-4

在安装向导的这个页面中，询问是否立即安装，在单击"是"按钮后，安装向导页面如图 A-5 所示。

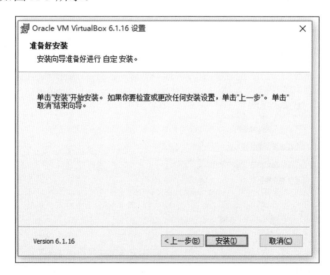

图 A-5

在这个页面中，安装向导会再次让你确认是否安装。在单击"安装"按钮后，安装过程将会开始，如图 A-6 所示。

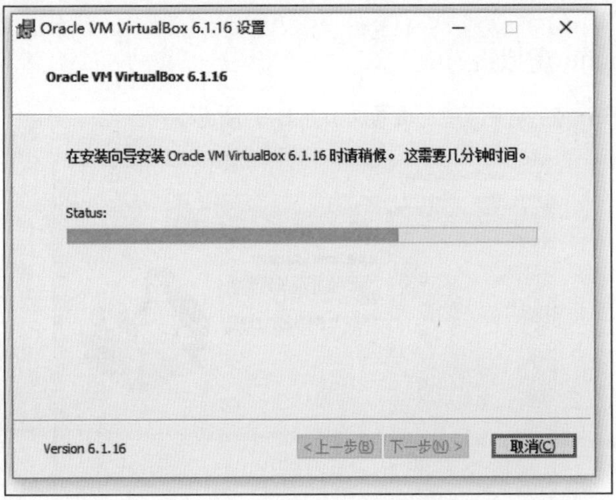

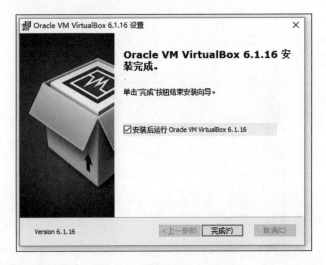

图 A-6

在等待几分钟之后，安装过程完成，如图 A-7 所示。

图 A-7

在安装完成的确认页面上，默认勾选了"安装后运行 Oracle VM VirtualBox 6.1.16"复选框。如果不想立刻打开 VirtualBox 程序，那么可以取消勾选。在默认情况下，在单击"完成"按钮后，将会运行 VirtualBox 程序。

附录B　在VirtualBox中安装Ubuntu 20.04系统

1. 创建Ubuntu虚拟机

在 VirtualBox 启动后，主页面如图 B-1 所示。

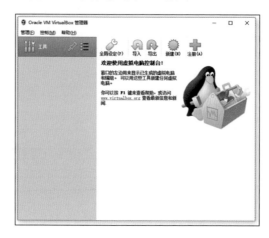

图 B-1

单击页面上的"新建（N）"按钮，将会弹出"新建虚拟电脑"[①]设置向导，如图 B-2 所示。

图 B-2

---

① 虚拟机也叫虚拟电脑。虚拟机这种说法更常用，本书中除与图对应的文字用虚拟电脑，其余用虚拟机。

在"新建虚拟电脑"设置向导页面中，按照如下步骤操作即可创建 Ubuntu 虚拟机：

（1）在"名称"文本框中，可以输入任意名称，例如"Ubuntu20.04"。

（2）对于"文件夹"文本框，建议选择 D 盘或 E 盘等空间较大的分区上的目录，例如"D:\VirtualBoxVMs"。

（3）对于"类型"文本框，通过下拉菜单选择"Linux"选项。

（4）对于"版本"文本框，通过下拉菜单选择"Ubuntu(64-bit)"选项。

（5）对于"内存大小"文本框，根据当前主机的实际物理内存进行设置，例如，可以直接在右侧的数字文本框中输入"4096"。

按照上述步骤操作后，页面如图 B-3 所示。

图 B-3

在单击"创建"按钮后，会弹出"创建虚拟硬盘"设置向导，页面如图 B-4 所示。

图 B-4

在"创建虚拟硬盘"设置向导页面中，各个选项的含义如下：

（1）"文件位置"是指虚拟硬盘文件存储在本地硬盘的什么位置，默认存储在上一步选择的目录下。

（2）"文件大小"是指虚拟硬盘文件的大小，建议将其设置为 32GB 以上，例如 40GB。

（3）在"虚拟硬盘文件类型"选区中，有多种格式可供选择，默认为"VDI（VirtualBox 磁盘映像）"，建议保持默认选项。

（4）在"存储在物理硬盘上"选区中，有两种存储方式可供选择，默认为"动态分配"。这种存储方式更节省硬盘空间且创建速度更快，建议保持默认选项。

在单击"创建"按钮后，Ubuntu 虚拟机及虚拟硬盘创建完成。在 Ubuntu 虚拟机创建完成后，VirtualBox 的主页面如图 B-5 所示。

图 B-5

2. 选择Ubuntu启动盘

在 Ubuntu 虚拟机创建完成后，单击主页面上的"启动（T）"按钮，即可启动前面创建完成的虚拟机。在首次启动 Ubuntu 虚拟机时，需要在"选择启动盘"页面中选择 Ubuntu 光盘镜像文件，如图 B-6 所示。

图 B-6

单击页面上"没有盘片"文本框右侧的文件夹图标，可以进行光盘镜像文件选择，页面如图 B-7 所示。

图 B-7

单击"注册（A）"按钮，开始选择光盘镜像文件，通过文件选择对话框选择 Ubuntu 20.04 光盘镜像文件。如果本地没有 Ubuntu 20.04 光盘镜像文件，请在 Ubuntu 官网的 Downloads 页面下载。在光盘镜像文件选择成功后，页面如图 B-8 所示。

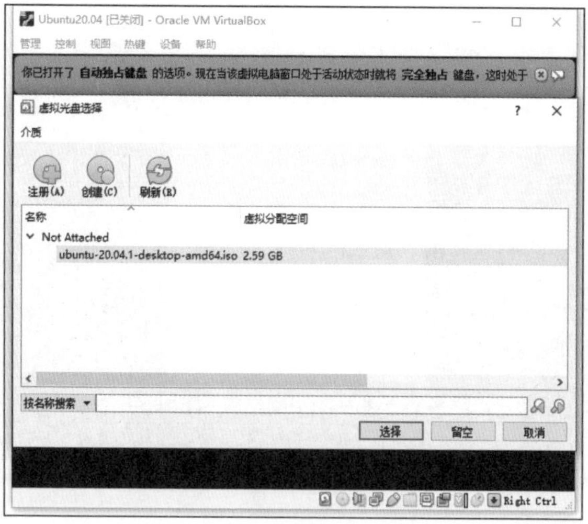

图 B-8

在单击"选择"按钮后，启动盘选择成功，页面如图 B-9 所示。

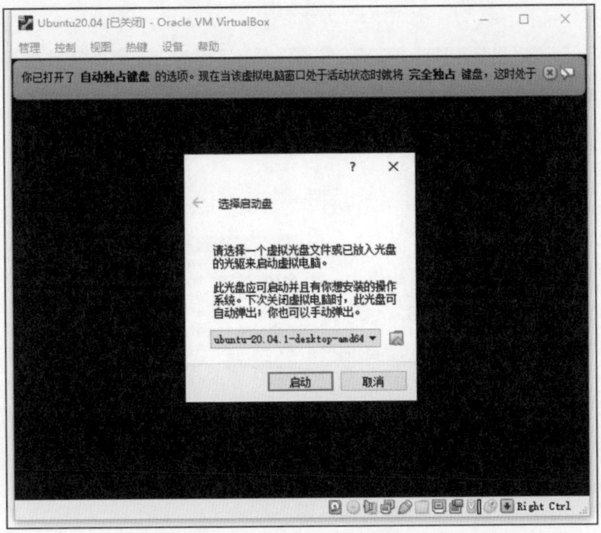

图 B-9

3. 安装Ubuntu系统

在启动盘选择成功后，单击"启动"按钮，虚拟机将会使用 Ubuntu 20.04 光盘镜像文件引导并启动。在稍等几分钟后，光盘镜像文件加载完成，将会打开 Ubuntu 光盘镜像文件中的安装向导，Ubuntu 安装向导的欢迎页面如图 B-10 所示。

图 B-10

单击图中的"Install Ubuntu"按钮，进入键盘布局选择页面，如图 B-11 所示。

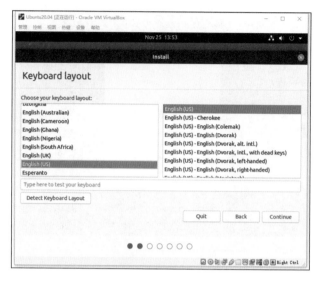

图 B-11

在键盘布局选择页面中，默认为美式键盘布局，通常无须修改。单击"Continue"按钮将会进入"Updates and other software"设置页面，如图 B-12 所示。

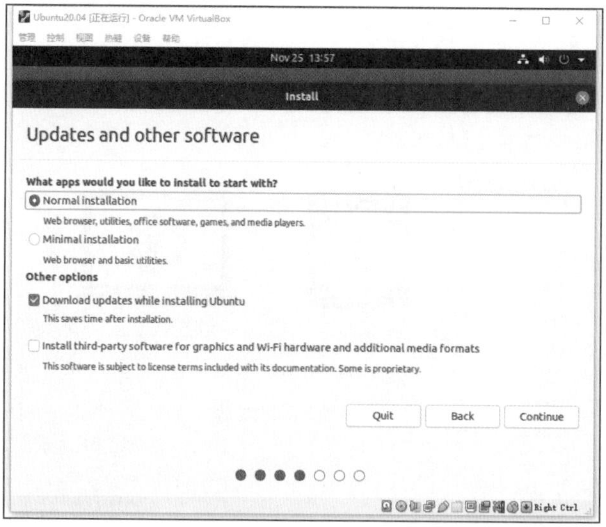

图 B-12

在"Updates and other software"设置页面中，建议取消勾选"Download updates while installing Ubuntu"复选框（取消勾选该复选框后，在安装过程中不会下载可以更新的软件包，整个安装过程耗时会更短。取消勾选该复选框不会影响系统功能，安装完成后仍然可以下载和安装可以更新的软件包）。单击"Continue"按钮，进入下一步"Installation type"设置页面，如图 B-13 所示。

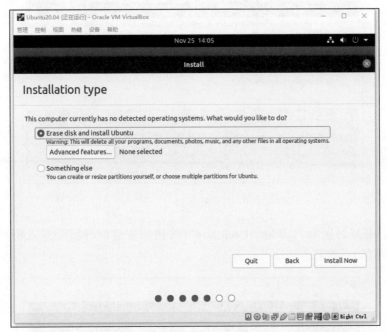

图 B-13

在"Installation type"设置页面中，默认选择"Erase disk and install Ubuntu"单选按钮，即擦除整个硬盘并安装 Ubuntu 系统。在虚拟硬盘上安装 Ubuntu 系统时，因为虚拟硬盘文件通常较小，建议保持选择该单选按钮。如果在物理机器上安装，那么需要选择"Something else"单选按钮对硬盘进行分区，这里不详细介绍。

在单击"Install Now"按钮之后，安装向导会弹出确认分区对话框，如图 B-14 所示。

在单击"Continue"按钮后，安装向导进入时区选择页面。安装引导程序会根据当前系统显示时区，例如文本框为"Shanghai"即表示东八区（北京时间）。

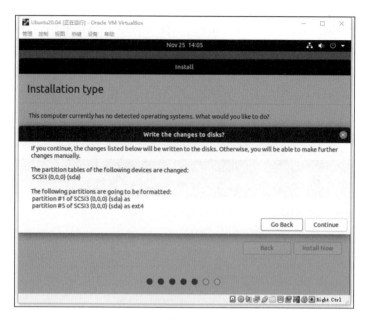

图 B-14

在选择好时区后，单击"Continue"按钮，安装向导将会进入用户设置页面，如图 B-15 所示。

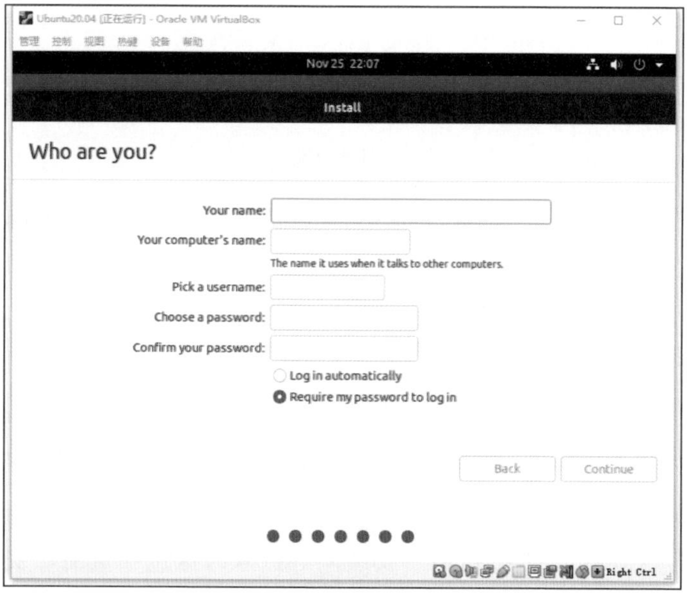

图 B-15

用户设置页面的各个文本框含义如下：

（1）"Your name"文本框中的内容为登录页面会显示的用户名称，例如可以填入"user"，也可以有空格。

（2）"Your computer's name"文本框中的内容为主机名，例如可以填入"virtualbox"。

（3）"Pick a username"文本框中的内容为用户名，不能有空格，可以填入"user"。

（4）"Choose a password"和"Confirm your password"文本框分别为密码框和确认密码框，在两个文本框中输入的密码需要一致。

在以上内容填写正确后，页面如图 B-16 所示。

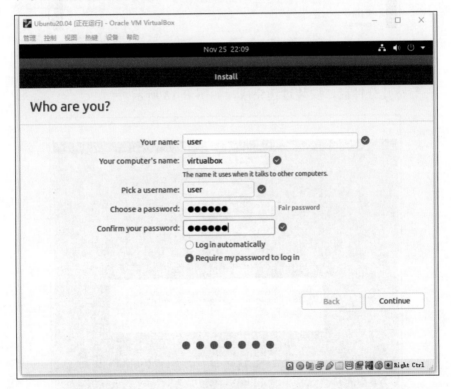

图 B-16

单击"Continue"按钮将会开始安装，安装向导将会显示进度条，如图 B-17 所示。

图 B-17

在等待几分钟后，安装过程完成，如图 B-18 所示。

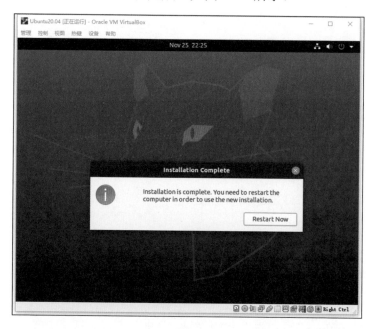

图 B-18

　　单击"Restart Now"按钮，安装向导将重启 Ubuntu 系统。在重启 Ubuntu 系统之前，系统将会显示一行提示信息："Pelease remove the installation medium, then press ENTER:"，指示移除安装介质，并需要按回车键，如图 B-19 所示。

　　对于在虚拟机上安装 Ubuntu 系统的，直接按回车键即可。

　　对于在物理机器上安装 Ubuntu 系统的，需要在显示该信息时移除安装介质（刻录好的 Ubuntu 光盘或 Ubuntu 系统启动 U 盘），再按回车健。

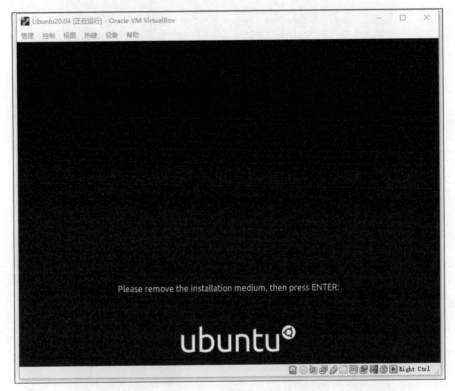

图 B-19

　　在按回车键之后，虚拟机中的 Ubuntu 系统将会重启。至此，Ubuntu 系统安装完成。

4. 登录Ubuntu系统

　　在下次启动之后，将会显示 Ubuntu 系统登录页面，如图 B-20 所示。

　　单击中间的用户图片，输入之前设置的密码即可登录 Ubuntu 系统。

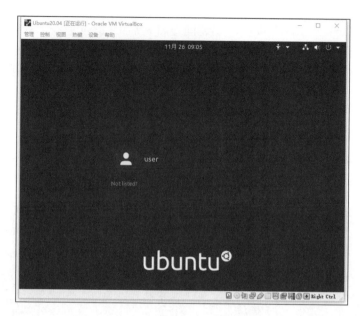

图 B-20

5. 停止Ubuntu虚拟机

当关闭 Ubuntu 虚拟机页面时，VirtualBox 会弹出关闭方式选择页面，如图 B-21 所示。

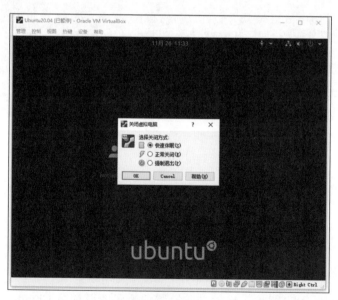

图 B-21

"选择关闭方式"选区中的三个单选按钮的含义如下：

（1）默认选择"快速休眠"单选按钮，该模式会将虚拟机的运行状态保存到硬盘文件中，在下次启动时加载硬盘文件恢复运行状态，使用该模式可以减少虚拟机的关机等待时间。

（2）"正常关闭"，在该模式下 VirtualBox 虚拟机管理软件会在虚拟机中模拟关机事件，虚拟机中的 Ubuntu 系统将会运行正常的关机流程，例如关闭所有的窗口软件、停止系统服务，会耗费一些时间。

（3）"强制退出"，该模式类似于计算机上的"长按关机按钮"，用于强行停止虚拟机运行，可以在虚拟机中的系统发生死机时使用。

6. 启动Ubuntu虚拟机

VirtualBox 可以创建并管理多个虚拟机，在主页面左侧可以显示当前已创建的虚拟机。在选中其中的一个虚拟机后，单击页面上的"启动（T）"按钮即可启动该虚拟机，如图 B-22 所示。

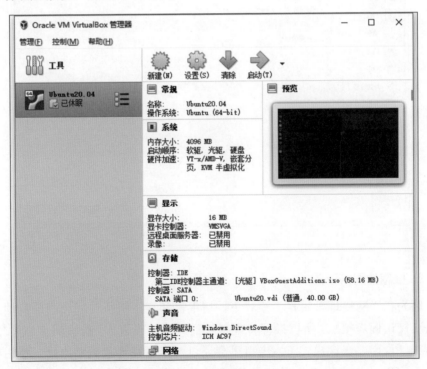

图 B-22

7. 配置虚拟机网络

在虚拟机关机后，我们可以修改虚拟机的网络配置。通过配置虚拟机网络的不同模式和参数，可以实现虚拟机和宿主机网络环境的不同网络连接方式。

通过以下步骤打开一个虚拟机的网络配置页面：

（1）选中 VirtualBox 主页面上的一个虚拟机选项。

（2）单击 VirtualBox 主页面的"设置（S）"按钮可以打开 VirtualBox 的设置页面。

（3）单击设置页面的"网络"按钮，可以查看该虚拟机的网络设置。

如图 B-23 所示，默认的网络设置有一个网络地址转换的网卡。

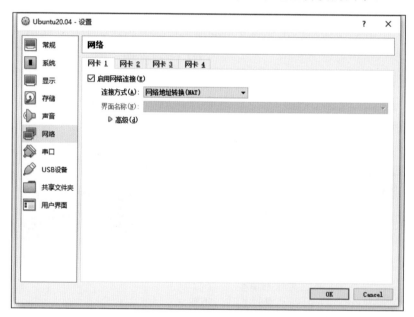

图 B-23

8. 推荐的网络设置

因为在"网络地址转换"模式下，宿主机和宿主机所在局域网的其他主机无法直接访问虚拟机，所以推荐将虚拟机的网卡 1 设置为"桥接网卡"模式（如图 B-24 所示）。在该模式下，虚拟机会通过网卡直接连接到路由器，路由器会通过 DHCP 给虚拟机也分配一个 IP 地址。这样，虚拟机、宿主机在逻辑上都连接在同一个路由器上，和其他连接在该路由器上的设备也都在同一个局域网中，便于进行互相连接的测试。

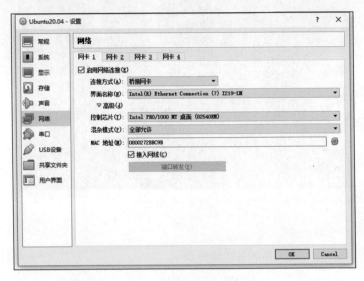

图 B-24

附录C　使用SSH客户端登录服务器

当你的编译服务器是独立的物理机器时，通过在编译服务器上安装 SSH 服务，可以实现在 Windows 主机上远程登录和管理编译服务器。

1. 在服务器上安装SSH服务

在编译服务器上，在 Ubuntu 20.04 系统安装完成后，需要安装 openssh-server，以便通过远程终端在 Windows 主机上登录。在 Ubuntu 20.04 系统上安装 openssh-server，需要执行以下命令：

```
sudo apt install openssh-server
```

在 SSH 服务安装完成后，需要首先使用以下命令安装 net-tools 软件包：

```
sudo apt install net-tools
```

在 net-tools 软件包安装成功后，使用 ifconfig 命令查看 IP 地址，如图 C-1 所示，其中 enp0s3 接口的 IP 地址是 192.168.1.157。

图 C-1

2. 使用PuTTY登录Linux编译服务器

在 Windows 系统上，支持 SSH 协议的远程终端软件非常多，例如 PuTTY。PuTTY 是一款开源软件，你可以从它的项目官网免费下载它的安装包或免安装压缩包。PuTTY 的主页面如图 C-2 所示。

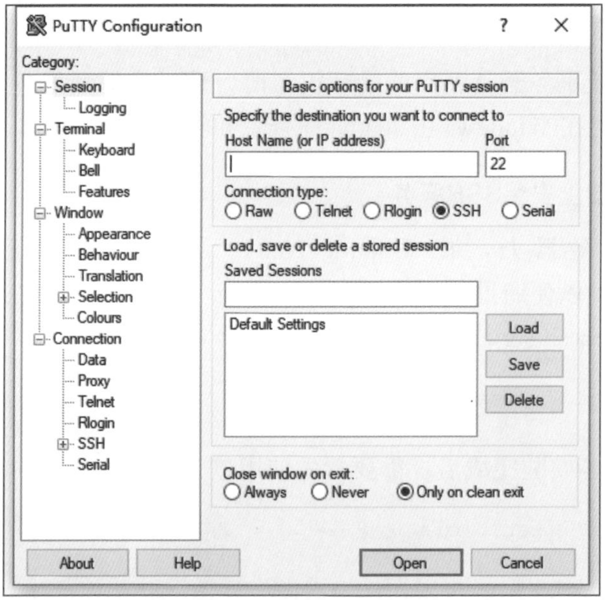

图 C-2

使用 PuTTY 登录 Linux 服务器的操作步骤如下：

（1）打开 PuTTY，在"Host Name (or IP address)"文本框中输入服务器的 IP 地址。

（2）首次登录会弹出安全警告，如图 C-3 所示，单击"是（Y）"按钮。

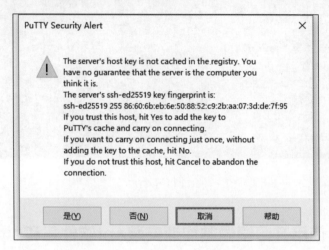

图 C-3

（3）单击页面上的"Open"按钮，在"login as:"提示信息后输入用户名并按回车键，在"password:"提示后输入密码并按回车键，如图 C-4 所示。

图 C-4

（4）如果密码没有输入错误，就会出现欢迎信息，这表示登录成功，如图 C-5 所示。

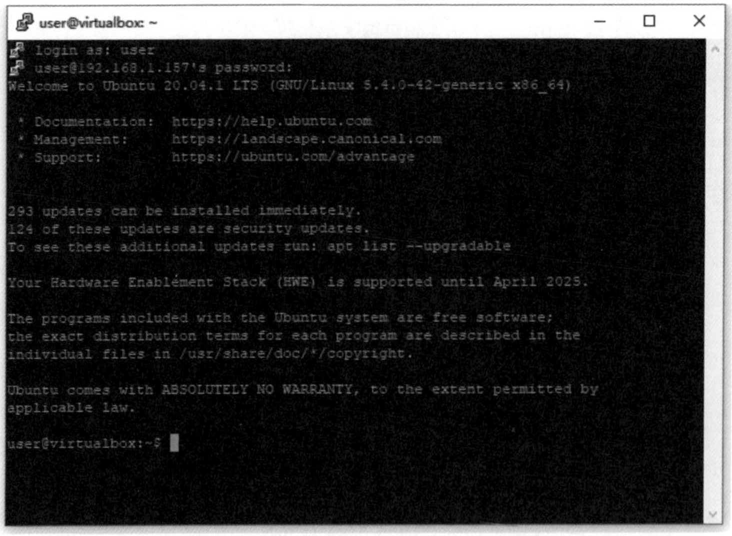

图 C-5

附录D 使用开源镜像站加速安装apt软件包和pip软件包

1. apt软件包更新源的配置

在 Ubuntu 系统上，在使用 apt install（或 apt-get install）命令安装软件时，会默认从 Ubuntu 官网下载软件包到本地，在下载完成后才会开始实际的安装。在国内部分网络环境中，从 Ubuntu 官网下载软件包会中断或者下载速度较慢。使用国内开源镜像站作为 apt 软件源，可以有效地解决这个问题。

例如，使用中国科学技术大学开源镜像站（简称"科大开源镜像站"）作为 Ubuntu 20.04 系统的 apt 软件包更新源，需要按照以下步骤操作：

（1）备份原始/etc/apt/sources.list 文件，执行 sudo cp/etc/apt/sources.list/etc/apt/sources.list.bak 命令。

（2）修改/etc/apt/sources.list 文件，将内容替换为：

```
deb http://mirrors.ustc.edu.cn/ubuntu/ focal main restricted
universe multiverse
deb http://mirrors.ustc.edu.cn/ubuntu/ focal-security main restricted
universe multiverse
```

```
deb http://mirrors.ustc.edu.cn/ubuntu/ focal-updates main restricted
universe multiverse
```

（3）运行 sudo apt update 更新本地软件包索引。

对于其他 Ubuntu 版本或其他 Linux 发行版，更新 apt 软件源的操作流程可以参考中国科学技术大学开源镜像站的帮助页面。

2. pip软件包更新源的配置

与 apt 软件包类似，在使用 pip install 命令安装软件时默认会从 pip 官网下载软件包，在软件包下载完成后，才会开始实际的安装。在国内部分网络环境中，从 pip 官网下载软件包会出现网络中断或者下载速度慢的问题。使用国内镜像站作为 pip 软件包更新源，可以有效地解决这个问题。

例如，使用华为开源镜像站作为 pip 包更新源，需要按照以下步骤操作：

（1）创建~/.pip 目录，执行 mkdir ~/.pip 命令。

（2）创建~/.pip/pip/conf 配置文件，并将文件内容修改为：

```
[global]
index-url = https://mirrors.huaweicloud.com/repository/pypi/simple
trusted-host = mirrors.huaweicloud.com
timeout = 120
```

附录E　Hi3861引脚功能复用表

引脚编号	默认功能	复用信号 0	复用信号 1	复用信号 2	复用信号 3	复用信号 4	复用信号 5	复用信号 6	复用信号 7
2	GPIO00	GPIO[0]	HW_ID[0]	UART1_TXD	SPI1_CK	JTAG_TDO	PWM3_OUT	I2C1_SDA	—
3	GPIO01	GPIO[1]	HW_ID[1]	UART1_RXD	SPI1_RXD	JTAG_TCK	PWM4_OUT	I2C1_SCL	BT_FREQ
4	GPIO02	GPIO[2]	REFCLK_FREQ_STATUS	UART1_RTS_N	SPI1_TXD	JTAG_TRS_TN	PWM2_OUT	DIAG[0]	SSI_CLK

续表

引脚编号	默认功能	复用信号0	复用信号1	复用信号2	复用信号3	复用信号4	复用信号5	复用信号6	复用信号7
5	GPIO03	GPIO[3]	UART0_TXD	UART1_CTS_N	SPI1_CSN	JTAG_TDI	PWM5_OUT	I2C1_SDA	SSI_DATA
6	GPIO04	GPIO[4]	HW_ID[3]	UART0_RXD	JTAG_TMS	PWM1_OUT	I2C1_SCL	DIAG[7]	—
17	GPIO05	GPIO[5]	HW_ID[4]	UART1_RXD	SPI0_CSN	DIAG[1]	PWM2_OUT	I2S0_MCLK	BT_STATUS
18	GPIO06	GPIO[6]	JTAG_MODE	UART1_TXD	SPI0_CK	DIAG[2]	PWM3_OUT	I2S0_TX	COEX_SWITCH
19	GPIO07	GPIO[7]	HW_ID[5]	UART1_CTS_N	SPI0_RXD	DIAG[3]	PWM0_OUT	I2S0_BCLK	BT_ACTIVE
20	GPIO08	GPIO[8]	JTAG_ENABLE	UART1_RTS_N	SPI0_TXD	DIAG[4]	PWM1_OUT	I2S0_WS	WLAN_ACTIVE
27	GPIO09	GPIO[9]	I2C0_SCL	UART2_RTS_N	SDIO_D2	SPI0_TXD	PWM0_OUT	DIAG[5]	I2S0_MCLK
28	GPIO10	GPIO[10]	I2C0_SDA	UART2_CTS_N	SDIO_D3	SPI0_CK	PWM1_OUT	DIAG[6]	I2S0_TX
29	GPIO11	GPIO[11]	HW_ID[6]	UART2_TXD	SDIO_CMD	SPI0_RXD	PWM2_OUT	RF_TX_EN_EXT	I2S0_RX
30	GPIO12	GPIO[12]	HW_ID[7]	UART2_RXD	SDIO_CLK	SPI0_CSN	PWM3_OUT	RF_RX_EN_EXT	I2S0_BCLK
31	GPIO13	GPIO[13]	UART0_TXD	UART2_RTS_N	SDIO_D0	GPIO[13]	PWM4_OUT	I2C0_SDA	I2S0_WS
32	GPIO14	GPIO[14]	UART0_RXD	UART2_CTS_N	SDIO_D1	GPIO[14]	PWM5_OUT	I2C0_SCL	HW_ID[2]

你也可以到 HiHope 官网的"资源中心"下载 Hi3861 芯片文档包（Hi3861V100R001C00SPC024_ReleaseDoc.rar 文件）。在该文档包中，"Hi3861V100 / Hi3861LV100 / Hi3881V100 WiFi 芯片用户指南"文件的表 6-3 "软件复用管脚"详细地记录了引脚功能的复用情况。